AF475943

Offert à la Bibliothèque
Impériale par
Mr Bayle.

MÉMOIRE

SUR LES

FOSSILES PALÉOZOIQUES

RECUEILLIS DANS L'INDE.

MÉMOIRE

SUR LES

FOSSILES PALÉOZOIQUES

RECUEILLIS DANS L'INDE

PAR

M. le Docteur **FLEMING**, d'Edimbourg,

ET DÉCRITS PAR

L. de **KONINCK**, M. D.,

PROFESSEUR A L'UNIVERSITÉ DE LIÉGE, MEMBRE DES ACADÉMIES ROYALES DES SCIENCES, DES LETTRES ET DES BEAUX-ARTS ET DE MÉDECINE DE BELGIQUE, ETC. ETC.

SUIVI

DE LA DESCRIPTION DES BRACHIOPODES FOSSILES DE L'INDE,

PAR TH. DAVIDSON,

MEMBRE DE LA SOCIÉTÉ ROYALE DE LONDRES, ETC. ETC.

LIÉGE,

H. DESSAIN, IMPRIMEUR-LIBRAIRE,

RUE TRAPPÉ, N° 7.

1863.

NOTICE

SUR

LES FOSSILES DE L'INDE

DÉCOUVERTS

Par M. le Dr FLEMING, d'Edimbourg

ET DÉCRITS PAR

Le Dr L. De KONINCK,

Professeur à l'Université de Liége.

Un Mémoire publié par notre savant ami, M. Davidson et inséré dans le tome XVIII, pag. 25 et suiv. du *Quarterly journal of the geological society of London*, contient la description des Brachiopodes fossiles découverts dans le Punjaub, par MM. le Dr Fleming et W. Purdon.

La détermination de ces fossiles ne pouvait être confiée à de meilleures mains.

Un grand nombre de ces espèces a pu être identifié avec des espèces provenant des formations carbonifères de l'Europe et de l'Amérique; quelques unes sont nouvelles; d'autres ne possèdent pas le facies paléozoïque que le paléontologiste un peu exercé aperçoit facilement chez les fossiles de cette grande période géologique.

Ce qui arrive pour les Brachiopodes, se remarque aussi pour les fossiles des autres classes d'animaux qui les accompagnent; l'auteur de leur découverte a bien voulu me charger de la description de ces derniers.

Parmi ceux-ci, quelques espèces appartiennent à des genres qui jusqu'ici n'ont été trouvés que dans les assises des terrains secondaires et principalement dans les couches inférieures de ces terrains.

Tels sont surtout les *Ceratites* qui paraissent être assez abondants dans la formation salifère du Punjaub et qui ont ceci de particulier, que leurs espèces sont toutes nouvelles pour la science.

Sans cette dernière circonstance, on aurait pu avoir des doutes sérieuses sur leur gisement, bien que M. le Dr Fleming soit persuadé qu'elles se trouvent dans les mêmes couches que celles qui renferment les *Productus* et les *Spirifer* carbonifères.

Toutefois, il y a encore cette remarque à faire, que la roche qui renferme les *Ceratites*, ne m'a offert, au moins en ce qui concerne les échantillons qui m'ont été confiés, aucune trace de ces derniers genres paléozoïques.

Il est donc à souhaiter que de nouvelles observations viennent confirmer celles du savant Médecin d'Edimbourg, qui le premier a jeté quelque lumière sur la constitution géologique de l'ancien royaume de Runjeet Sing.

Les fossiles que j'ai eus à ma disposition, appartenaient en majeure partie, au Dr Fleming et ont été déposés par lui, au Musée de Calcutta ; un petit nombre se trouve au Musée de la société géologique de Londres. Ils formaient un ensemble de 49 espèces, dont 7 se trouvaient en trop mauvais état pour être déterminées avec certitude et par conséquent pour être figurées et décrites.

Les autres espèces fesant l'objet de ce travail se divisent ainsi qu'il suit :

I. POISSONS.

1. Saurichthys indicus, *De Kon.*
2. Acrodus Flemingianus, *De Kon.*
3. — N. sp. ? voisine de l'Ac. lateralis, *Ag.*

II. MOLLUSQUES.

A. CÉPHOLOPODES.

4. Orthoceras decrescens, *De Kon.*
5. — rachideum, *De Kon.*
6. — vesiculosum, *De Kon.*
7. Nautilus Flemingianus, *De Kon.*
8. — Burtini, *Galeotti.*
9. Goniatites Gangeticus, *De Kon.*

10. Ceratites Lawrencianus, *De Kon.*
11. — Davidsonianus, *De Kon.*
12. — Buchianus, *De Kon.*
13. — latifimbriatus, *De Kon.*
14. — Lyellianus, *De Kon.*
15. — planulatus, *De Kon.*
16. — Haueriauns, *De Kon.*
17. — Murchisonianus, *De Kon.*
18. — Flemingianus, *De Kon.*

B. GASTÉROPODES.

19. Nerinæa N. sp.?
20. Macrocheilus avellanoïdes, *De Kon.*
21. — depilis, *De Kon.*
22. Bellerophon Jonesianus, *De Kon.*
23. — orientalis, *De Kon.*
24. — decipiens, *De Kon.*
25. Dentalium Herculeum, *De Kon.*

C. LAMELLIBRANCHES.

26. Solenopsis imbricata, *De Kon.*
27. Pecten crebristria, *De Kon.*
28. — asiaticus, *De Kon.*
29. — Flemingianus, *De Kon.*
30. Anomia? Lawrenciana, *Flem.*

D. BRYOZOAIRES.

31. Fenestella? Sykensis, *De Kon.*
32. Fenestella megastoma, *De Kon.*
33. Phyllopora? Haimeana, *De Kon.*
34. — ? cribellum, *De Kon.*
35. Retepora? lepida, *De Kon.*
36. Polypora fastuosa, *De Kon.*

III. ECHINODERMES.

37. Poteriocrinus sp.?
38. Philocrinus Cometa, *De Kon.*
39. Cidaris Forbesianus, *De Kon.*

IV. ANTHOZOAIRES.

40. Alveolites septosa? *Fleming.*
41. Michelinia favosa, *Goldf.*

42. Lithostrotion basaltiforme, *Conyb.* and *Phill.*
43. — irregulare, *Phill.*
44. Clysiophyllum indicum, *De Kon.*
45. Isastræa arachnoïdea, *De Kon.*

Tous ces fossiles proviennent de l'extrémité occidentale de la chaîne salifère du Punjaub (Punjaub Salt-range) et du prolongement de celle-ci à la rive droite de l'Indus jusqu'aux environs de Kaffir-Kote, qui est cité comme une localité très riche en fossiles et comme ayant fourni la plupart des espèces décrites dans ce mémoire.

1. Saurichthys? indicus, De Kon. Pl. VIII, fig. 6 et 7.

Les dents que je rapporte avec quelque doute au genre *Saurichthys* établi par M. Agassiz, à cause de leur forme comprimée, sont très-petites, très-luisantes, et d'une couleur brunâtre. Des deux échantillons examinés, l'un a 2 et l'autre 6 millimètres de long. Ce dernier est fortement strié à sa base et ressemble au *S. Mongeoti*, Ag. Il est un peu moins comprimé que le second, dont la surface est entièrement lisse. Tous deux ont leur extrémité supérieure très-pointue et leurs côtés tranchants. La coupe transversale est subovale.

Ces dents proviennent du calcaire à *Productus* de Vurcha.

2. Acrodus Flemingianus, De Kon. Pl. VIII fig. 5.

Dent de forme subtriangulaire, lorsqu'elle est vue de face et subellipsoïdale, vue de dessus. Son émail est très-luisant, d'une couleur brune foncée, occupant à peu près la moitié de la longueur totale de la dent et y produisant un monticule pointu dont la surface est sillonnée de petites stries longitudinales, légèrement infléchies vers le point culminant de la dent, très fortement prononcées à leur base et s'effaçant presque complètement sur la crête de l'émail. La racine est très-comprimée, légèrement arquée à sa base et assez poreuse.

J'ai pu étudier deux échantillons de cette espèce. L'un a quinze millimètres de large, sur 8 millimètres de long; l'autre n'a que 7 millimètres de large. Tous deux se trouvent dans la collection de la société géologique de Londres.

Cette espèce a quelques rapports avec l'*A. Gaillardoti*, Ag. Elle en diffère principalement par la forme beaucoup plus arquée de sa racine. Elle a été trouvée dans la même localité que la précédente.

3. Acrodus N. sp. ?

Cette espèce est très-voisine de l'*A. lateralis*, Ag. Elle est plus petite que la précédente et d'une forme beaucoup plus elliptique et moins transverse à sa base. Elle provient du calcaire de Chederoo.

4. Orthoceras decrescens, De Kon. Pl. VIII, fig. 4.

Coquille de forme conique, très-allongée, dont le moule interne est seul connu. Sa section transverse est parfaitement circulaire. Son siphon est central et assez étroit. Le diamètre de la loge terminale est de 2 $^1/_2$ centimètres ; celui de la sixième cloison est de 2 centimètres. L'échantillon a une longueur totale de 12 centimètres, dont la dernière loge en occupe 8. Les cinq cloisons connues présentent cette particularité, que leur longueur décroit régulièrement. Ainsi, tandis que la 6me a 12 millimètres de long, la 5me n'en a que 10 et la seconde n'en a plus que 5.

C'est cette conformation que je n'ai rencontrée chez aucune autre espèce, qui m'a suggéré le nom sous lequel j'ai désigné cet *Orthoceras*. La surface du moule est entièrement lisse ; il a été rencontré dans le calcaire carbonifère de Moosakhail.

5. Orthoceras rachideum, De Kon.

Les échantillons de cette espèce sont dépouillés de leur test. Sa longueur a dû être considérable, l'accroissement du diamètre n'ayant été que relativement très-faible pendant le développement de l'animal.

Le principal échantillon composé de 11 ou de 12 cloisons de même longueur, mesure 12 centimètres, en sorte que chaque cloison a environ un centimètre de long; son plus petit diamètre est de 3 $^1/_2$ centimètres et son plus grand de 4 centimètres. On ne remarque aucun ornement sur la surface. Le siphon est très large et ressemble à celui de l'*O. cochleatum*, Schl., espèce dont celle-ci est assez voisine.

L'un des échantillons est accompagné du *Prod. semireticulatus*, Martin. Il ne peut donc y avoir aucun doute sur la nature carbonifère de la roche calcaire de Subbee qui le renferme.

6. Orthoceras vesiculosum, De Kon.

Cette espèce est très-remarquable par les globules calcaires que renferment ses cloisons. Ces globules ou concrétions arrondies, qui semblent avoir été produits par des petites vésicules, n'ont rien de bien régulier quant à leur forme et à leur nombre, et on aurait pu croire à leur formation accidentelle, si plusieurs échantillons n'avaient offert le même caractère.

La forme de cet *Orthoceras* est presque complètement cylindrique. Sa longueur a dû être considérable. Sa surface externe est entièrement lisse; la surface interne des cloisons est rugueuse et comme chagrinée. Les cloisons sont régulières, la distance de l'une à l'autre équivaut à un peu plus du cinquième du diamètre de la coquille. Le siphon est très-large et central; je n'ai pas pu m'assurer s'il était cylindrique ou en chapelet.

Le principal des fragments observés possédait une longueur de 7 centimètres et était composé de 5 cloisons équidistantes. Le diamètre de la coquille est de 5 centimètres et celui du syphon de 1 $^1/_2$ centimètre. Le test de ce dernier est à peu près de 2 millimètres d'épaisseur.

7. Nautilus Flemingianus, De Kon. Pl. VIII, fig. 2.

Cette espèce est remarquable par les tubercules latéraux dont son dernier tour de spire est garni. Si j'en juge pour les dimensions du seul fragment qui m'ait été soumis, sa taille a dû être assez considérable.

Au premier aspect elle offre quelque ressemblance avec le *N. tuberculatus*, Sow.; elle s'en distingue facilement par la forme de ses tubercules et par la distance de ses cloisons. Chez le *N. Flemingianus* ces tubercules sont très-allongés et alternants, c'est-à-dire, que sur deux cloisons l'une est tuberculée et l'autre ne l'est pas, tandis que les tubercules de l'espèce décrite par Sowerby, sont beaucoup plus arrondis à leur base et forment en quelque sorte une couronne autour de l'ombilic; ils sont en outre plus saillants et n'offrent rien de régulier dans leur distribution par rapport aux cloisons. Sur l'espèce décrite par Sowerby, ils sont très-sensibles déjà aux premiers tours de spire, tandis qu'on les y remarque à peine chez le *N. Flemingianus*. Les cloisons de celui-ci ont leurs bords latéraux et dorsaux faiblement sinueux. Le fragment observé et figuré, laisse entrevoir l'existence de 4 tours de spire.

En complétant le dernier tour, on parvient à prouver qu'il a dû être composé d'environ 40 cloisons, et que son plus grand diamètre a été de 19 centimètres. Vue de face, la dernière cloison visible a offert une hauteur de 6 centimètres, tandis que celle du tour précédent, correspondant à celle-ci n'offrait que 5 centimètres de hauteur, leur largeur est un peu plus forte; leur forme dans cette même position est celle d'un ovale irrégulièrement comprimé de deux côtés opposés (V. pl. VIII, fig. 2 *a*). Le siphon peu visible, m'a paru assez fort et situé vers le tiers supérieur de la hauteur. Les tours de spire ne se recouvrent pas.

8. Nautilus Burtini, Galeotti, 1837, Mém. cour. de l'Académie de Bruxelles, t. XII, p. 140, Pl. VIII, fig. 3.

En comparant l'échantillon du Punjaub avec des échantillons de l'espèce décrite par Galeotti et provenant des sables éocènes des environs de Bruxelles, je n'ai pu trouver aucun caractère distinctif entre eux. Il est donc probable que l'exemplaire figuré dans ce mémoire ne provenait pas du terrain carbonifère, mais bien d'une couche nummulitique qui se trouve dans l'Inde. C'est au reste l'opinion exprimée par M. Fleming lui-même, qui n'a pas trouvé l'échantillon en place, mais sur un tas de fragments de roches carbonifères, destinées à empierrer une route (1).

9. Goniatites? gangeticus, De Kon. Pl. V, fig. 2.

Je n'ai rangé cette espèce parmi les *Goniatites* que parce que je n'ai pu découvrir aucune dentelure sur les bords des lobes des cloisons. Il ne serait pas impossible que ces dentelures eussent été anéanties par les intempéries auxquelles l'échantillon a été soumis.

Cette espèce est assez fortement comprimée, planorbiforme; ses premiers tours de spire sont recouverts à moitié par ceux qui les suivent; en sorte que l'ombilic est très-évasé et que son diamètre équivaut à peu près au tiers du diamètre total de la coquille. Son dos est arrondi; sa surface paraît avoir été lisse. Le nombre de ses cloisons est de 20 - 22; leur hauteur équivaut environ au double de leur largeur. Le lobe dorsal est partagé en deux par une petite selle saillante à contour linguiforme.

(1) Voici la note que j'ai trouvée jointe à l'échantillon : *This fossil was found among the debris of carboniferous limestone. It probably however has weathered out of nummulitic limestone.*

Les lobes latéraux sont plus étroits que les selles qui les produisent ; ceux-ci, aussi bien que les selles, sont arrondis et ne ressemblent en rien à ceux de la plupart des Goniatites carbonifères, chez lesquels ils sont presque toujours anguleux.

L'échantillon figuré n'a que 4 centimètres de diamètre ; la hauteur du dernier tour de spire est de 16 millimètres et sa largeur de 8 millim., le diamètre de l'ombilic est de 15 millimètres.

10. Ceratites Lawrencianus, De Kon. Pl. VI, fig. 3.

Cette belle espèce est remarquable par la forme des lobes et des selles qui bordent ses cloisons. Sa forme générale est celle d'un disque aplati à bords arrondis. Sa surface paraît avoir été lisse, son test n'ayant laissé subsister aucune trace de strie, où de sillon sur le moule interne qui sert à cette description. Ses tours de spire sont fortement embrassants et ne produisent qu'un très-petit ombilic. Le lobe dorsal est très-large et partagé en deux par une petite selle médiane ; il est beaucoup moins profond que les lobes latéraux, mais sa largeur et ses dentelures au nombre de 5 ou 6 ressemblent beaucoup à ceux de ces derniers lobes ; il se relie au lobe latéral supérieur par une selle peu élevée, étroite et assez aiguë ; la selle latérale supérieure est au contraire très-haute mais beaucoup plus large à sa base que la précédente et comme celle-ci, assez aiguë, tandis que la selle latérale inférieure est arrondie et peu élevée ; cette dernière se relie au fond de l'ombilic, par 7 ou 8 dentelures, qui font les fonctions de lobes auxiliaires.

Je ne connais aucune espèce à laquelle celle-ci soit comparable, si ce n'est le *C. Davidsonianus* qui en diffère par la forme beaucoup plus arrondie de ses selles.

Le nombre des loges a dû être approximativement de 30 ; le diamètre total de 10 centimètres ; celui de l'ombilic, de 14 millimètres ; la hauteur du dernier tour de spire de 5 $^1/_2$ millimètres et son épaisseur de 3 centimètres, tandis que la hauteur du tour précédent n'est que de 23 millim. et son épaisseur de 18 millimètres. La distance qui sépare le dos de l'avant dernier tour de spire de celui du dernier tour, est de 3 $^1/_2$ cent.

11. Ceratites Davidsonianus, De Kon. Pl. VI, fig. 2.

Cette espèce a beaucoup de rapports avec la précédente, dont elle ne diffère que par sa taille et par la forme de ses cloisons.

Comme cette dernière, elle est discoïde et ne possède qu'un faible ombilic. Sa surface est lisse ; sa loge terminale est très grande et occupe environ la moitié du dernier tour de spire. Ses lobes et ses selles sont analogues à ceux du *C. Lawrencianus*, mais les uns sont moins profonds et les autres beaucoup plus arrondies que chez ce dernier, et la partie qui se relie à l'ombilic est composée d'un plus grand nombre de dentelures ou zig-zag.

Cette espèce dont j'ai pu examiner un échantillon complet et probablement adulte, n'a que 6 centimètres de diamètre. La hauteur de la bouche est d'environ 3 cent. et sa largeur de 1 cent. Le diamètre de l'ombilic est également de 1 cent.

L'échantillon fait partie de la collection de la soc. géol. de Londres. Il provient du calcaire à *Productus* de Vurcha.

12. Ceratites Buchianus, De Kon. Pl. VI, fig. 4.

Espèce très-voisine de la précédente, à laquelle je l'eusse volontiers réunie, sans la circonstance que son ombilic est proportionnellement beaucoup plus grand, et que ses tours de spire ne se recouvrent mutuellement que d'un tiers environ, tandis que dans l'espèce précédente, ils se recouvrent des $^3/_5$ de leur hauteur. En outre sa surface est recouverte d'un assez grand nombre d'ondulations rayonnantes bien prononcées, disposition que n'offre pas celle de l'espèce précédente. La forme de ses cloisons est un peu différente. Le dessin produit par ses lobes et par ses selles offre des sinuosités moins profondes que celles observées sur le *C. Davidsonianus*.

Le diamètre du plus grand des 3 échantillons observés est de 5 $^1/_2$ cent. ; celui de l'ombilic équivaut au tiers de cette mesure.

Cette espèce a été découverte avec la précédente dans le calcaire de Vurcha et dans celui de Kaffir-Kote.

13. Ceratites latifimbriatus, De Kon. Pl. VII, fig. 2.

Coquille de forme discoïde, à dos fortement arrondi, remarquable par la forme des dentelures de ses lobes; celles-ci sont en général au nombre de quatre, mais en les examinant à la loupe, on distingue sur les bords de ces mêmes dentelures, des dentelures supplémentaires qui font ressembler chaque pointe à une petite dent de *Carcharias*. Les tours de spire s'enroulent en se recouvrant d'environ des $^2/_5$ de leur hauteur.

La surface est entièrement lisse. Outre le lobe dorsal, dont je n'ai pas pu observer complètement la forme à cause du mauvais état de cette partie de l'échantillon, il possède trois autres lobes assez profonds et ayant tous à peu près la même forme. Les selles correspondantes sont arrondies et ont leurs côtés presque parallèles entre eux. Il se distingue facilement du *C. Lawrencianus*, par l'absence des lobes auxiliaires.

Le nombre des cloisons ou loges a dû être de 15 ou 16 pour un tour de spire, le diamètre de la coquille est de 9 à 10 cent.; celui de l'ombilic de 2 $^1/_2$ cent. et la plus grande épaisseur de la coquille de 3 cent.

Cette espèce a été rencontrée avec la précédente dans le calcaire à *Productus* de Vurcha.

14. Ceratites Lyellianus, De Kon. Pl. VI, fig. 1.

Cette espèce est une des plus grandes parmi celles qui ont été découvertes par M. Fleming. Sa surface est entièrement lisse, son dos est arrondi, son ombilic est grand. Le nombre de ses cloisons a dû être de 18 à 20 comme dans l'espèce précédente, les lobes latéraux sont au nombre de 3 et ont une forme semblable entre eux. Leurs crenelures sont relativement petites et au nombre de 5 ou 6. Les tours de spire se recouvrent très-peu.

Le diamètre total a dû être d'environ 12 centimètres pour l'échantillon figuré, et celui de l'ombilic de 4 cent. La hauteur du dernier tour est de 5 cent.

15. Ceratites planulatus, De Kon. Pl. V, fig. 1.

Cette belle espèce, dont j'ai eu l'avantage d'étudier un échantillon complet et adulte, se distingue de toutes les précédentes par la forme anguleuse de sa partie dorsale. Néanmoins cette forme n'existe pas dans les jeunes échantillons et ne s'acquiert qu'à un certain âge de l'animal, comme cela arrive également pour quelques *Nautilus* et *Ammonites*, ainsi que le démontrent les fig. 1 *d* et 1 *e*.

La surface est presque lisse et luisante; on n'y remarque que quelques fines stries et ondulations rayonnantes produites par l'accroissement successif de la coquille.

L'ombilic, en forme d'entonnoir très-évasé, laisse parfaitement distinguer les divers tours de spire de la coquille. Ceux-ci sont au nombre de 5 ou 6 ; ils s'embrassent mutuellement dans les $^3/_4$ environ de leur hauteur. Le nombre des cloisons est de 30-32 par tour de spire; la dernière loge est très-grande et occupe la moitié de la coquille. Les lobes sont peu profonds et finement crenelés ; le lobe latéral inférieur se relie à l'ombilic, au moyen d'une courbe sinueuse entièrement exempte de dentelures ; le lobe dorsal est partagé en deux par une petite élévation très-anguleuse à son sommet et destiné au passage du siphon. Les selles sont arrondies et d'une élévation médiocre. Le plus grand diamètre de cette espèce est de 8 $^1/_2$ cent., celui de son ombilic de 18 millim., la hauteur de la bouche est de 4 cent., son épaisseur de 19 millimètres et la largeur du dos à l'extrémité bucale, de 4 millim. La forme de cette espèce a quelques rapports avec le *C. semipartitus*, Montf., il en diffère essentiellement par la forme et le nombre de ses lobes.

16. Ceratites Hauerianus, De Kon. Pl. IV, fig. 5.

Cette espèce dont je n'ai malheureusement trouvé qu'un seul fragment parmi les fossiles du Dr Fleming, a beaucoup de rapports avec le *Goniatites Haidingeri*, v. Hauer, lequel pourrait fort bien n'être aussi qu'un *Ceratites*.

Comme dans ce dernier, les cloisons sont très-nombreuses et composées d'un grand nombre de lobes et de selles très-étroits, dont ceux qui se trouvent vers le milieu du tour de spire, sont un peu plus larges que les autres; ils sont au nombre de 5. Malheureusement l'échantillon est tellement fruste qu'il m'est impossible de décrire exactement la forme de ces parties, qui sont au minimum au nombre de 8 chacune. Le dos est caréné, assez tranchant. L'épaisseur de la coquille a dû être d'environ 2 $^1/_2$ cent. La bouche, vue de face a dû avoir une forme subtriangulaire, ainsi que le démontre la fig. 5 *a*.

17. Ceratites Murchisonianus, De Kon. Pl. VIII, fig. 1.

Je ne connais de cette grande et belle espèce qu'une moitié, sur laquelle je n'ai même pu découvrir aucune trace de cloisons; Il est probable que le seul fragment connu, représente à lui seul, à peu près la dernière loge, et que c'est par ce motif que les cloisons manquent. Celles-ci ont dû avoir quelque analogie avec celles de l'espèce suivante.

Cet échantillon démontre que les tours de spire étaient légèrement comprimés sur les côtés, que leur partie dorsale était arrondie, qu'ils étaient faiblement embrassants et qu'ils produisaient par leurs contours un large ombilic. La surface est couverte d'assez fortes côtes transverses, n'occupant que les côtés de la spire et ne se prolongeant nullement sur le dos; vu de profil, celui-ci forme une courbe très-régulière. Les côtes ne sont pas d'égale épaisseur; elles se bifurquent ou se trifurquent sans ordre et sont au nombre de 18 sur l'échantillon figuré; comme celles qui se rapprochent de l'extrémité de la bouche, sont moins fortes que celles qui les précèdent, il est probable que les côtes des premiers tours étaient fortement accentuées, comme cela se remarque souvent chez les Ammonitidées.

Le fragment décrit possède un diamètre de 18 centimètres, la hauteur du dernier tour de spire est de 6 $^{1}/_{2}$ centim. et son épaisseur de 5 cent.

18. Ceratites Flemingianus, De Kon. Pl. VII, fig. 1.

Cette magnifique espèce, que je dédie au savant qui en a fait la découverte, est la plus grande de toutes celles qui sont connues jusqu'à présent.

Malheureusement le Dr Fleming n'en a trouvé qu'un fragment, représentant à peu près la dernière loge de la coquille et la majeure partie de la dernière cloison. Cette coquille a dû être composée de tours de spire comprimées latéralement, à dos arrondi et dont la largeur égalait à peu près deux fois la hauteur. Ils étaient faiblement embrassants et leur coupe transversale représente assez bien la moitié d'une ellipse dont le grand axe équivaudrait à quatre fois la longueur du petit (V. Pl. VII, fig. 1, *a*). La surface est couverte d'un très-grand nombre de côtes transverses, irrégulières, tantôt très-minces, tantôt plus épaisses, produites par l'accroissement successif de la coquille. Celles-ci sont traversées perpendiculairement par de petites côtes plus régulières, parallèles entre elles au nombre de 60 environ pour chaque côté et décrivant la même courbe que la spire elle-même. Il résulte de cette disposition que la surface paraît comme enveloppée d'un réseau à mailles d'égale largeur, mais de longueur irrégulière, dépendant de la nature des côtes transverses qui les produisent. La forme des cloisons est très-remarquable. Le lobe latéral supérieur est très-profond et assez large, puisqu'il occupe à peu près le $^{1}/_{3}$ de la hauteur totale du tour de spire. Il se distingue par le grand nombre de petites dentelures dont il est muni. Le lobe latéral inférieur est pointu, en forme d'entonnoir et n'offre pas la moindre trace de dentelures. Les trois selles qui relient ces lobes, sont arrondies et ne présentent rien de particulier.

La seule espèce de *Ceratites* connue jusqu'ici, qui ait quelques rapports avec celle-ci, est le *C. parcus*, v. Buch. Les côtes transverses de cette dernière sont plus nombreuses et les côtes longitudinales manquent. En outre, la conformation des cloisons est toute différente dans les deux espèces.

Le diamètre total de cette espèce est de 25 centimètres; la hauteur de la bouche est de 6 $^1/_2$ cent., et sa largeur de 4 cent. Le dernier tour de spire, recouvre le précédent d'un demi centimètre.

Ces deux dernières espèces se trouvent dans un grès jaune brunâtre, tandis que la plupart des autres proviennent d'une roche calcareuse.

19. Nerinæa ? N. sp. ?

Parmi les fossiles qui m'ont été confiés par M. le Dr Fleming, j'ai rencontré un moule interne d'un gastéropode qui m'a paru avoir les caractères des Nerinées, mais que je ne suis pas parvenu à déterminer; aucune des espèces décrites par A. d'Orbigny, M. Eudes Deslongchamps et autres ne ressemblent à celle-ci.

L'échantillon du Punjaub possède les 6 derniers tours de spire, dont la longueur totale est de 8 cent. Le diamètre du dernier tour est de 4 $^1/_2$ cent. Celui-ci porte un sillon parallèle à son bord inférieur, probablement produit par une dent de la bouche; il est en outre garni de 6 ou 7 gros tubercules. L'axe columellaire est très-épais. L'angle formé par la spire est de 25°.

Il est probable que cette espèce n'est pas carbonifère. La couleur blanc grisâtre du calcaire dont le moule est formé, la nature cristalline et blanchâtre des fragments de la coquille encore adhérents éloignent ce fossile de tous les autres et me font supposer qu'il y a ici une erreur à rectifier, et j'appelle sur cette espèce l'attention des paléontologiste de l'Inde.

20. Macrocheilus avellanoïdes, De Kon. Pl. IV, fig. 4.

Coquille subfusiforme, à spire aiguë. Sa spire est composée

de 6 ou 7 tours assez bombées, un peu déprimées du côté de la suture ; le dernier tour est très-grand et occupe plus de la moitié de la longueur totale de la coquille. L'ouverture de la bouche est allongée, subovale ; elle ne possède pas de callosité. La surface est lisse ; le test est assez épais, surtout vers les sutures.

Son angle spiral est d'environ 70°.

Des deux échantillons connus de cette espèce, l'une possède une longueur de 3 ½ cent. et l'autre de 4 ½ cent. Le dernier tour de spire de celui-ci a 27 millim. de diamètre et 30 mill. de longueur.

Cette espèce se rapproche du *M. Schlotheimi*, d'Arch., mais il en diffère par son angle spiral, par la longueur de son dernier tour de spire et par l'absence de tout ornement à sa surface.

21. Macrocheilus depilis, De Kon. Pl. XII, fig. 3.

Quoique je ne connaisse qu'un moule interne de cette espèce, je n'ai pas craint de la décrire et de lui imposer un nom nouveau. En effet, ce moule par sa forme allongée, son angle spiral et la convexité de ses tours de spire diffère de toutes ses congénères qui me sont connues. Le seul échantillon examiné par moi, n'est composé que de 4 tours de spire, mais il est probable qu'il en a possédé 8 ou 9. Sa longueur est de 6 centim. Le dernier tour a dû occuper à lui seul, à peu près la moitié de la longueur de la coquille ; il a 3 ½ cent. de long. Son diamètre est de 28 millimètres. Angle spiral = 59°.

22. Bellerophon Jonesianus, De Kon. Pl. IV, fig. 2.

Cette espèce est de forme globuleuse, et aussi haute que large. Dans le jeune âge, sa surface est couverte de petites côtes transverses imbriquées, produites par l'accroissement successif de la coquille, ainsi que cela s'observe facilement dans l'échantillon représenté par la fig. 2 *a*, dont une partie du dernier tour de spire et de la callosité buccale a été enlevée. Ces côtes, qui sur le dernier tour de spire, se transforment chez les adultes, en larges rides peu marquées, forment un angle très ouvert avec la carène dorsale ; celle-ci est fort peu saillante et n'a qu'un millimètre de largeur Les divers tours de spire se recouvrent complètement les uns les autres, l'ombilic est presque nul. L'extrémité inférieure de la partie de la bouche qui vient aboutir à l'ombilic, est assez épaisse et faiblement repliée en dehors. La callosité buccale est très-étendue et recouvre à peu près la moitié du dernier tour de spire. Le test est épais. La fente est étroite et profonde.

Cette espèce a beaucoup d'analogie avec le *B. hiulcus* dont elle diffère par la forme beaucoup plus étroite et le nombre plus considérable de ses côtes d'accroissement, ainsi que par la faible largeur et la saillie de sa carène dorsale.

Des 8 échantillons observés, le plus grand a cinq cent. de haut et autant de large; l'ouverture de la bouche est d'environ 2 cent. de hauteur. Ils proviennent tous du calschiste subordonné au calcaire à *Productus* de Chederoo.

23. Bellerophon orientalis, De Kon. Pl. IV, fig. 3.

Cette espèce est beaucoup plus petite et un peu moins globuleuse que la précédente. Elle est un peu plus haute que large. Sa surface est ornée de petites côtes transverses d'accroissement, produites par des stries fines et serrées et formant un angle assez aigu sur la bande dorsale. Celle-ci donne lieu à un sillon très-étroit et très-peu profond. Par cette disposition le *B. orientalis* se distingue facilement du *B. tenuifascia*, dont la bande dorsale est saillante et avec lequel il a, quant aux autres caractères, la plus grande analogie.

Le seul échantillon observé, n'a que 15 millim. de long, sur 12 m. de large.

24. Bellerophon decipiens, De Kon. Pl. III, fig. 1.

Cette espèce est l'une des plus remarquables de celles qui me sont connues. Elle est un peu plus longue que large. Sa surface est presque lisse; la bande dorsale produite par le sinus buccal est très-étroite et peu prononcée. Les côtes d'accroissement sont très-larges et il eut été très-difficile de les distinguer, si par une longue exposition aux intempéries de l'air, la surface de l'échantillon figuré n'eut été légèrement altérée. Dans cette altération, les côtes ont été nettement séparées par des sillons très-étroits, mais profonds, que l'on dirait creusés, au moyen d'un burin et dont le dessin rend très-bien la forme et la direction. Ils sont au nombre de 16 de chaque côté et courbés en d mi cercle, de façon qu'ils se rejoignent au sillon dorsal, par un angle très-aigu. On peut conclure de cette disposition, que la fente buccale a dû être profonde et que la partie supérieure de la bouche a dû être échancrée par un sinus très-prononcé. L'ombilic est nul et le test très-épais.

La hauteur du seul échantillon connu, est de 6 cent.; sa largeur de 5 $^1/_2$. Les côtes ont généralement 4 mill. de largeur.

25. Dentalium herculeum, De Kon. Pl. III, fig. 10, 11 et 12.

Cette espèce est remarquable par sa grande taille et l'épaisseur considérable de son test. Elle a la plus grande analogie avec mon *D. ingens*, du calcaire carbonifère de Visé.

Comme ce dernier, elle a sa surface couverte de stries d'accroissement irrégulières et rendue rugueuse par leur présence ; ces stries sont un peu obliques à l'axe et montrent que l'ouverture de la coquille a dû être légèrement en biseau. Elle diffère de l'espèce de Visé, par sa forme conique régulière et par l'épaisseur plus grande de son test, ainsi que le démontrent les coupes transversales représentées pl. VII, fig. 10, *a* et 12 *a*, et la coupe longitudinale fig. 11. La coupe fig. 12, *a* offre encore une autre particularité, qui consiste dans la présence d'un bourrelet longitudinal, très-saillant et transformant la forme circulaire de l'intérieur de la coquille en une forme semi-lunaire. Mais cette forme n'est qu'accidentelle et ne m'a été offerte que par un seul échantillon, parmi les 7 qui ont été soumis à mon examen.

Le plus grand des échantillons avait 7 cent. de long et 1 $^1/_2$ de diamètre du côté de l'ouverture ; mais il est probable que les échantillons complets atteignent au moins 15 cent. de longueur.

26. Solenopsis imbricata, De Kon. Pl. III, fig. 3.

Cette espèce est transverse et presque 3 fois plus large que longue. Son côté antérieur est très-court et son bord est assez régulièrement semicirculaire ; le postérieur est limité par une courbe se rapprochant de l'ellipse. Le bord ventral est faiblement sinueux. Les crochets sont très-petits et font à peine saillie au-dessus du bord dorsal. La surface est lisse ; on y remarque 6 ou 7 lamelles imbriquées, parallèles au bord ventral et produites par l'accroissement successif de la coquille. Les valves sont déprimées et très-peu profondes.

Longueur du plus grand des 2 échantillons connus, 17 millimètres, largeur 44 mill.

Du calcaire de Vurcha.

27. Pecten crebristria, De Kon. Pl. III, fig. 5.

La forme de ce petit *Pecten* est presque complètement circulaire ; ses valves sont faiblement mais régulièrement bombées. Leur surface est couverte d'un grand nombre de petites côtes rayonnantes, souvent bifurquées, d'épaisseur inégale et irrégulièrement distribuées sur toute l'étendue des valves. Les stries d'accroissement sont à peine sensibles et ne s'observent bien qu'à la loupe. Les oreillettes sont petites et coupées à angle droit.

La longueur du seul échantillon connu est de 16 mill.; sa largeur de 14 mill.

28. Pecten asiaticus, De Kon. Pl. III, fig. 6.

Cette espèce, beaucoup plus grande que la précédente est un peu plus large que longue. Elle est faiblement, mais assez régulièrement bombée. Sa surface est ornée de 12-15 côtes rayonnantes, très-apparentes surtout vers le milieu de leur longueur, mais s'effaçant en partie vers leur partie marginale. Dans chaque sillon formé par ces côtes, on observe 3-5 côtes beaucoup plus minces et moins régulières que les précédentes et qui sont également le mieux prononcées dans la partie supérieure et centrale des valves. Les stries d'accroissement sont à peine sensibles, même à l'aide d'un verre grossissant. Les oreillettes sont petites, de la forme d'un triangle rectangle. Elles sont couvertes de petites stries parallèles au bord cardinal. Le crochet est assez proéminent. Cette espèce possède à première vue quelques rapports avec le *P. plicatus*, Phill., mais en l'examinant avec soin, on l'en distingue facilement par ses petites côtes, qui font totalement défaut sur ce dernier.

La longueur est de 4 cent. et la largeur de 4 $^1/_2$ cent.

29. Pecten Flemingianus, De Kon. Pl. III, fig. 4.

Cette espèce de taille médiocre, est plus longue que large et de forme subovale. Sa surface est ornée d'un petit nombre (8-9) de côtes rayonnantes, peu prononcées ; l'espace laissé libre entre ces côtes est presque complètement lisse ; on n'y observe que des stries d'accroissement très-faibles et à peine visibles à l'œil nu. Les oreillettes sont petites, de forme triangulaire et leur surface est lisse.

La longueur du seul échantillon connu est de 16 millim. et sa largeur de 14 millim.

30. Anomia Lawrenciana, Fleming. Pl. III, fig. 7, 8 et 9.

C'est à coup sûr l'une des coquilles les plus curieuses parmi celles qui ont été rapportées de l'Inde par le Dr Fleming. Celui-ci m'ayant exprimé le désir de la dédier à Sir Henri Lawrence, Gouverneur du Punjaub, je me suis empressé de m'y conformer et de lui conserver ce nom, qui servira en même temps à rappeler l'époque de sa découverte.

De même que la plupart de ses congénères, cette espèce n'a rien de bien régulier dans sa forme ; en effet, aucun des trois échantillons que j'ai examinés ne ressemble parfaitement aux deux autres, quoiqu'il soit facile de s'apercevoir au premier coup d'œil, qu'ils appartiennent à la même espèce. Chez tous les trois, la valve supérieure est conique, mais chez les deux premiers (fig, 7 et 8), ce cône est tronqué et chez le troisième, le sommet est légèrement incliné sur le côté et rappelle la forme de certains *Capulus* (fig. 9). Le test est très-brillant et a tout à fait l'apparence de celui des espèces vivantes. Sa surface est chargée d'un grand nombre de stries et rides irrégulières, produites par l'accroissement successif de la coquille. Ces rides servent par-ci par-là de base à de petits tubes, semblables à ceux que portent certains *Productus ;* la distribution de ces tubes n'a rien de régulier, ainsi qu'il est facile de s'en rendre compte, par la simple inspection des figures. Le test est feuilleté et extrêmement mince.

Je n'ai pu observer la valve inférieure que sur un seul échantillon. Elle est de forme circulaire, entièrement lisse et faiblement sillonnée dans son milieu ; ce qui dépend probablement de la forme du corps sur lequel elle a été attachée. Vers son centre, on aperçoit quatre petites taches circulaires (fig. 7, *b*) de couleur un peu plus foncée que le reste de la coquille et qui m'ont parues être la base de petits tubercules internes.

Les dimensions varient trop pour les indiquer ici ; on peut facilement les prendre sur les figures qui ont été faites avec le plus grand soin.

31. Fenestella? Sykensis, De Kon. Pl. I, fig. 1.

C'est avec un certain doute que j'ai placé cette espèce dans le genre *Fenestella*. J'ai été amené à agir ainsi, par l'absence complète de toute trace de pores ou de stries à la surface de l'échantillon observé, quoique celui-ci fut d'une parfaite conservation.

Ce Bryozoaire est en forme d'éventail, irrégulièrement plissé, composé d'un grand nombre de rayons soudés entre eux et dont la direction n'est marquée que par un faible épaississement et surtout par les séries de petites ouvertures circulaires qui les bordent. La disposition de ces ouvertures démontre suffisamment que les rayons se bifurquent une ou plusieurs fois pendant le développement du Polypier et que cette bifurcation est la principale cause de son rapide élargissement. Ces ouvertures sont presque toutes de même grandeur et ont un peu plus d'un demi millimètre de diamètre, On en compte ordinairement 7 sur une étendue d'un centimètre.

32. Phyllopora? cribellum, De Kon. Pl. I, fig. 2.

Cette espèce est formée d'une plaque calcareuse irrégulièrement ondulée, très-mince et percée d'un très-grand nombre de petites ouvertures ovales, assez régulièrement disposées en quinconce. 8 de ces ouvertures prises sur une même ligne, occupent une longueur d'un centimètre. Le reste de la surface est parfaitement lisse.

Je n'en ai vu qu'un seul échantillon.

33. Phyllopora? Jonesiana, De Kon. Pl. I, fig. 3.

La plaque calcareuse de cette espèce est un peu plus épaisse que celle de l'espèce précédente, mais sa forme est à peu près la même. Les ouvertures dont elle est criblée sont beaucoup plus grandes ; leur forme est circulaire et elles sont légèrement creusées en entonnoir. Leur disposition en quinconce est beaucoup moins régulière ; on n'en compte que 4 ou 5 par centimètre. Un seul échantillon connu.

34. Retepora? lepida, De Kon. Pl. I, fig. 5.

Ce n'est qu'avec doute que je place cette espèce parmi les *Retepora* parce qu'il m'a été impossible d'observer la moindre trace de pore sur l'unique échantillon qui m'en a été soumis ; il ne serait pas impossible qu'elle dût être rapportée au genre *Fenestella* ou à quelque autre genre voisin de celui-ci. Elle consiste en une sorte de réseau très-mince en forme d'éventail, composé d'un grand nombre de petits rameaux, dont les nombreuses bifurcations lui permettent de s'élargir promptement. Ces rameaux qui ne sont pas tout à fait parallèles entre eux, sont garnis extérieurement de petites stries longitudinales, ondulées et visibles seulement à l'aide d'un instrument grossissant; ils sont reliés entre eux par de petites branches transversales, plus minces que les rameaux principaux, presque perpendiculaires à ceux-ci, mais rarement parallèles entre elles et parfaitement lisses à leur surface. Les fenestrules formées par ces intersections sont presque toutes quadrangulaires et à peu près aussi hautes que larges. Les plus grandes ont un millimètre de côté.

35. Fenestella ? megastoma, De Kon. Pl. II, fig. 3.

Je n'ai pas plus de certitude à l'égard de la détermination générique de cette espèce, que je n'en ai à l'égard des espèces précédentes. Je la place de préférence dans le genre *Fenestella*, à cause de sa ressemblance avec la *F. crassa*, M'Coy.

Elle est composée de rayons subparallèles entre eux, dont la surface visible (probablement la postérieure) est garnie de très-petites stries longitudinales visibles à la loupe et semblables à celles qui ornent l'une des surfaces de quelques autres espèces. Les rameaux principaux se bifurquent de distance en distance et se relient entre eux au moyen de branches transversales, disposées perpendiculairement à ceux-ci; ces branches accessoires ont les mêmes dimensions que celles que possèdent ses rameaux principaux.

Les fenestrules ainsi produites, sont plus longues que larges; leur forme est celle d'un parallélogramme à angles arrondis; trois séries rayonnantes ont une longueur d'un centimètre.

Cette espèce diffère de la *F. crassa* par la forme beaucoup plus raccourcie de ses fenestrules et la distance de ses rameaux principaux.

36. Polypora fastuosa, De Kon. (1844 Descr. des anim. fossiles p. 7, pl. A, fig. 5.) pl. I, fig. 4.

Je n'ai pu trouver aucune différence entre l'échantillon indien et celui que j'ai découvert dans le calcaire carbonifère des environs des Ecaussinnes. Une partie du premier accidentellement altérée par une action mécanique, m'a fait voir que les pores dont sa surface antérieure est ornée, servaient d'orifice à de petits tubes faiblement recourbés, ayant leur origine sur l'axe même des rameaux principaux et se dirigeant obliquement de bas en haut de chaque côté, ainsi que le démontre la portion grossie, représentée par la fig. 4. *a.*

Cette belle espèce de *Polypora* a été découverte par M. le Dr Fleming dans le calcaire à *Productus* de Moosakhail.

Parmi les fossiles du Punjaub, j'ai rencontré quelques fragments de tiges qui me semblent avoir appartenu à deux espèces différentes de *Poteriocrinus*, mais qu'il m'a été impossible de déterminer spécifiquement. L'un de ces échantillons, était accompagné du *Productus spinulosus*, Sow. La présence de ce dernier fossile est une preuve de l'origine carbonifère de ces tiges.

37. Philocrinus cometa. De Kon. Pl. II, fig. 1.

En décrivant cette espèce, j'indiquerai les caractères du nouveau genre que je me vois forcé de créer pour elle. Ces caractères consistent principalement dans l'existence de 5 pièces basales de forme quadrangulaire, alternant avec cinq rangées de pièces radiales, au nombre de deux pour chaque rayon. La seconde pièce est cunéïforme et supporte à son tour deux séries de pièces brachiales également au nombre de 2; chacune de ces séries donnant enfin naissance à deux séries composées d'un grand nombre de pièces digitales, produisant ainsi 20 digitations libres. Toutes les autres pièces sont soudées entre elles et forment le calice.

Dans l'espèce que je décris, le calice est peu évasé, la surface extérieure est parfaitement lisse et les doigts ou ramifications sont composées au moins de 50 articles. Les faces articulaires de ceux-ci n'étant pas parallèles entre elles, il en résulte que la partie dorsale ou externe des rayons semble être ornée d'un dessin en forme de zic-zag. Je n'ai découvert aucune trace de ramules.

Le genre *Philocrinus* se distingue des genres *Encrinus* et *Millericrinus*, par le nombre de ses pièces radiales, qui n'est que de 2, tandis qu'il est de trois chez ces derniers.

Les dimensions du *Philocrinus Cometa* sont les suivantes : longueur du calice 25 millim. ; diamètre 24 mill. ; longueur des bras 6-8 centimètres.

38. Cidaris Forbesianus, De Kon. Pl. III, fig. 1 et 2.

Je ne connais de cette espèce que 7 radioles, ayant beaucoup d'analogie avec ceux du *C. Braunii*, Desor, de St Cassian. Ils sont assez grands, fusiformes, terminés en pointe assez aiguë, déprimés d'un côté et munis de 16 à 18 séries longitudinales de granules, un peu moins prononcés sur le côté aplati que sur le reste de la surface. Souvent ces granules sont reliés entre eux par leur base, et semblent dériver alors de carènes ou de côtes longitudinales et parallèles entre elles. La collerette est grande et lisse ; l'anneau est peu saillant ; le bouton est court et étroit ; la facette articulaire est lisse.

Longueur 5-6 centimètres ; diamètre 12-15 millimètres.

39. Alveotites septosa ? Fleming, 1828. Brit. anim. p. 529. Pl. II, fig. 1, de ce mémoire.

L'échantillon que je rapporte à cette espèce, m'a paru en posséder tous les caractères. Néanmoins comme je n'ai pas eu l'occasion de le comparer à un échantillon anglais, il me reste un léger doute sur l'identité de l'espèce.

40. Michelinia favosa, Goldf. 1826. Petref. German. T. I, p. 4, pl. I, fig. 11.

Un seul échantillon de cette espèce a été découvert par le Dr Fleming, mais il est identique dans tous ses caractères avec ceux des environs de Tournay. La seule différence insignifiante qu'il m'a montrée, consiste dans l'étendue un peu plus forte et la disposition un peu plus régulière des planchers vésiculaires. La diagonale des calices varie entre 4 et 10 millimètres.

41. Lithostrotion basaltiforme, W. D. Conybeare et W. Phillips. 1822. Outl. of Geol. of England, p. 259.

Quoique l'échantillon indien ne consiste qu'en un moule siliceux, assez mal conservé, je ne crois pas me tromper dans ma détermination en l'identifiant avec l'espèce anglaise que je viens de citer.

42. Lithostrotion irregulare, Phill. 1836. Geol. of Yorks. T. II, p. 202, pl. II, fig. 14 et 15.

L'échantilion de cette espèce est parfaitement identique avec ceux recueillis dans le calcaire carbonifère du Yorkshire. Le diamètre des calices est de 14-16 millimètres.

43. Clysiophyllum indicum, De Kon. Pl. II, fig. 4.

Polypier en cône très-allongé, ayant des bourrelets d'accroissement peu prononcés et très-nombreux. Les cloisons sont très minces et au nombre de 300 environ sur tout le pourtour; examinés à la loupe, on distingue parfaitement des traverses abondantes et très-minces dans les loges interseptales. Les cloisons sont marquées extérieurement par des stries longitudinales très-étroites. Les planchers sont nombreux et lisses dans leur partie centrale. La forme ovale que possède la section transverse de l'échantillon que je viens de décrire m'a parue dépendre d'une sorte de déformation accidentelle. Le diamètre est d'environ 6 centimètres.

Le grand nombre de cloisons dont cette espèce est garnie, permet de la distinguer de toutes ses congénères.

44. Isastræa arachnoïdea, De Kon. Pl. II, fig. 2.

Polypier en masse subgibbeuse, à calices subégaux, de forme polygonale, mais le plus souvent hexagonale, peu profonds, terminés par des bords muraux obtus; cloisons au nombre de 28 a 30 crenelées sur les bords, partant toutes du centre du calice et rayonnant vers les bords en s'épaississant légèrement.

Il sera très-intéressant de constater par de nouvelles observations, si cette espèce provient réellement d'une roche carbonifère, parce que le genre auquel elle appartient, n'a pas encore été trouvé jusqu'ici, plus bas que dans le Muschelkalk.

EXPLICATION DES PLANCHES.

Planche I.

Fig. 1. Fenestella ? Sykensis, De Kon.
Echantillon de grandeur nat. vu de face.
Fig. 2. Phyllopora ? cribellum, De Kon.
Echantillon de grandeur nat.
Fig. 3. Phyllopora ? Haimeana, De Kon.
Echantillon de grandeur nat.
Fig. 4. Polypora fastuosa, De Kon.
Echantillon de grandeur naturelle.
a. Partie grossie, du même.
Fig. 5. Retepora ? lepida, De Kon.
Echantillon de grandeur nat.
a. Partie grossie du même.

Planche II.

Fig. 1. Alveolites septosa ? Phill.
Échantillon de grandeur naturelle.
a. Partie grossie du même.
Fig. 2. Isastræa arachnoïdea, De Kon.
Echantillon de grandeur nat.
a. 2 calices du même grossis au triple de leur grandeur naturelle.
Fig. 3. Fenestella megastoma, De Kon.
Echantillon de grandeur nat. vu de face.
Fig. 4. Clysiophyllum indicum, De Kon.
Echantillon de grandeur nat.
a. Section transverse du même.
Fig. 5. Philocrinus Cometa, De Kon.
Echantillon de grandeur nat.

Planche III.

Fig. 1. Bellerophon decipiens, De Kon.
Echantillon de grandenr nat. vu du côté du dos.
a. Le même, vu de profil.

Fig. 2. Bellerophon Jonesianus, De Kon.
Echantillon de grandeur nat., vu de profil.
a. Autre échantillon de grandeur nat., vu de face et montrant les côtes dont l'espèce est garnie dans le jeune âge.

Fig. 3. Bellerophon orientalis, De Kon.
Echantillon de grandeur nat., vu du côté du dos.

Fig. 4. Macrocheilus avellanoïdes, De Kon.
Echantillon de grandeur nat.

Fig. 5. Ceratites Hauerianus, De Kon.
Echantillon de grandeur nat., vu de profil.
a. Le même, vu du côté de la bouche.

Planche IV.

Fig. 1. Cidaris Forbesianus, De Kon.
Radiole complet, de grandeur nat.

Fig. 2. Id. idem.
Fragment de radiole offrant une variété à granules très-prononcés, de grandeur nat.
a. Section transverse du même.

Fig. 3. Solenopsis imbricata, De Kon.
Echantillon de sa grandeur nat.

Fig. 4. Pecten Flemingianus, De Kon.
Echantillon grossi au double de sa grandeur nat.
a. Ligne indiquant la grandeur nat.

Fig. 5. Pecten crebristria, De Kon.
Echantillon de grandeur nat.
a. Le même grossi au double.

Fig. 6. Pecten Asiaticus, De Kon.
Echantillon de grandeur nat.

Fig. 7, 8 et 9. Anomia Lawrenciana, Fleming.
7. Echantillon de grandeur nat., vu de profil.
7 *a*. Autre échantillon de grandeur nat., vu de dessus.
7 *b*. Le même vu en dessous, afin de montrer la valve inférieure.
8. Le même, vu de profil.
9. Autre échantillon de grandeur nat., vu de profil.

Fig. 10, 11 et 12. Dentalium Herculeum, De Kon.
10. Echantillon de grandeur nat.
10, *a*. Ouverture supérieure du même.
11. Autre échantillon de grandeur nat. partagé en deux dans le sens de la longueur, afin de montrer l'épaisseur du test et la forme de la cavité.
12. Troisième échantillon de grandeur nat.
12, *a*. Ouverture supérieure du même, munie d'une dent ou carène interne.

Planche V.

Fig. 1. Ceratites planulatus, De Kon.
Echantillon adulte de grandeur nat., vu de profil.

4

a. Le même, vu du côté de la bouche.
b. Lobes du même.
c. Autre échantillon, jeune, vu de face.
d. Le même, vu de profil.
e. Lobes du même.

Fig. 2. Goniatites Gangeticus, De Kon.
Echantillon de grandeur nat., vu de profil.
a. Le même, vu de face.
b. Lobes du même.

Planche VI.

Fig. 1. Ceratites Lyellianus, De Kon.
Echantillon de grandeur nat., vu de profil.

Fig. 2. Ceratites Davidsonianus, De Kon.
Echantillon adulte, de grandeur nat., vu de profil.
a. Lobes du même.

Fig. 3. Ceratites Lawrencianus, De Kon.
Echantillon de grandeur nat., vu de profil.

Fig. 4. Ceratites Buchianus, De Kon.
Echantillon de grandeur nat., vu de profil.
a. Lobes du même.

Planche VII.

Fig. 1. Ceratites Flemingianus, De Kon.
Echantillon réduit à la moitié de sa grandeur naturelle, vu de profil.
a. Section transverse du même, réduite à la 1/2 grandeur nat.

Fig. 2. Ceratites latifimbriatus, De Kon.
Echantillon de grandeur nat., vu de profil.
a. Contour du même, vu de face.

Fig. 3. Macrocheilus depilis, De Kon.
Echantillon de grandeur naturelle, vu du côté du dos.

Planche VIII.

Fig. 1. Ceratites Murchisonianus, De Kon.
Echantillon vu de profil, réduit à la moitié de sa grandeur nat.
a. Section transverse du même, également réduite.

Fig. 2. Nautilus Flemingianus, De Kon.
Echantillon vu de profil, réduit à la moitié de sa grandeur nat.
a. Section transverse des deux premiers tours de spire, également réduite et montrant la place du siphon.

Fig. 3. Nautilus Burtini, Galeotti.
Echantillon de 1/2 grandeur nat., vu de profil.
a. Le même vu du côté du dos.
b. Dernière cloison du même.

Fig. 4. Orthoceras decrescens, De Kon.
Echantillon de 1/2 grandeur nat., vu de profil.
a. Section transverse, du même.

Fig. 5. Acrodus Flemingianus, De Kon.
Echantillon de grandeur nat., vu de profil.

Fig. 6. Saurichthys indicus, De Kon.
Echantillon grossi au triple de sa grandeur nat., vu de profil.
a. Le même, vu de face.
b. Le même, vu de dessus.

Fig. 7. Saurichthys indicus, var. De Kon.
Echantillon grossi au triple de sa grandeur nat., vu de face.
a. Section transverse du même.

J'ai cru rendre service aux paléontologistes en traduisant le mémoire de mon savant ami M. Davidson, auquel j'ai fait allusion au commencement de mon travail et en le faisant suivre ici. On aura ainsi une idée plus complète de la faune remarquable qui semble caractériser l'époque carbonifère dans le Punjaub et qui, tout en se rapprochant par quelques espèces de celle de la même période géologique en Europe, s'en éloigne complètement par plusieurs autres et surtout par l'abondance des *Ceratites*.

Notice sur quelques Brachiopodes carbonifères recueillis dans l'Inde par MM. *le* Dr A. Fleming *et* W. Purdon, *et décrits*

PAR

Th. DAVIDSON.

I. Brachiopodes carbonifères recueillis dans le Punjaub par le Dr A. Fleming, pendant les années 1848 et 1852.

Pendant l'excursion géologique que le Dr Fleming a entreprise dans la Chaîne salifère (Salt-range) du Punjaub, il a pu recueillir un grand nombre de fossiles qu'il expédia en Angleterre en 1849 et en 1852 et qui vers cette époque furent rapidement examinés par M. de Verneuil, par moi-même et par un ou deux autres paléontologistes.

Quelques uns de ces fossiles ont été indiqués déjà par M. le Dr Fleming, dans un mémoire inséré dans le 9me vol. du *Quart. Journ.* (1853), dans le *Journal of the asiatic society of Bengal for* 1853, ainsi que dans l'excellent travail du même auteur, publié à Lahore en 1853 et intitulé : *Report of the geological structure and Mineral Wealth of the Salt-range in the Punjaub.*

A la demande de l'auteur, j'ai soumis à un nouvel examen toutes les espèces de Brachiopodes de l'époque carbonifère qu'il a recueillis, dans le but de complèter et de rectifier la liste incomplète que j'en avais donnée en 1853 (1).

Il ne me paraît pas nécessaire d'insister ici sur la nature et la structure des roches carbonifères du district, car je ne pourrais que répéter les détails qui en ont été donnés dans les publications mentionnées ci-dessus.

Il me suffira de dire que les fossiles se sont rencontrés dans diverses couches offrant des caractères minéralogiques très-différents. Ainsi, tandis que les unes possèdent une texture crystalline très-prononcée et sont d'une grande dureté, les autres sont tendres et argileuses.

Un petit nombre de fossiles provient de la dolomie, mais il est à remarquer, que la même couche qui est dolomitique dans une localité, est simplement calcareuse dans une autre, distante de quelques milles.

Quoiqu'il en soit, le Dr Fleming admet trois divisions pour les roches carbonifères du district salifère, à savoir :

c. Calcaire supérieur. On y rencontre partout des Brachiopodes et d'autres fossiles.

b. Grès et schistes dans lesquels on n'a trouvé qu'un petit nombre de fossiles.

a. Calcaire inférieur avec grès calcarifère. Ce calcaire renferme généralement en abondance de grands Brachiopodes et d'autres fossiles.

Il est en outre nécessaire de faire observer que les localités les plus riches en fossiles carbonifères, sont Moosakhail, situé dans la Chaine salifère proprement dite, et Kafir Kote sur la rive orientale de l'Indus, à environ vingt-cinq milles en aval de Kalabag, où la prolongation occidentale de la chaine salifère s'abaisse jusque sur les rives mêmes de l'Indus.

Le Dr Fleming m'informe en outre, que le plus grand nombre de ces fossiles proviennent de ces localités tandis que quelques uns ont été découverts dans des localités, intermédiaires, telles que Chederoo, Vurcha, Nulle, etc. Il m'assure encore, qu'il est convaincu que toutes les espèces qui seront

(1) Voici les espèces déterminées en 1853 par M. de Verneuil et par moi-même : *Athyris Royssii ;* un *Spirifer* voisin du *S. lineatus ; Streptorynchus crenistria ; Productus Cora; P. Flemingii ; P. costatus* et *P. Humboldtii.*

décrites, proviennent de roches carbonifères ; j'ai hâte de faire cette déclaration, parce que deux espèces de *Terebratula* m'ont fort embarrassé et ont élevé beaucoup de doute dans mon esprit, relativement à leur âge ; en effet, elles me rappellent bien plus les formes que l'on est habitué à trouver dans le terrain jurassique, que celles qui se rencontrent dans le terrain carbonifère.

Brachiopodes carbonifères recueillis par le Dr Fleming dans le Punjaub :

Terebratula (*vel* Waldheimia) Flemingii, *Dav.*
— biplicata ? Brocchi, *Var.* ploblematica. *Dav.*
— Himalayensis, *Dav.*
— subvesicularis, *Dav.*
Athyris Royssii, *Leveillé, sp.*
— subtilita, *Hall, sp. Var.* grandis. *Dav.*
Retzia radialis, *Phill. sp. Var.* grandicosta. *Dav.*
Spirifera striata, *Martin. sp.*
— Moosakhailensis, *Dav.*
— lineata, *Martin, sp. Var.*
Spiriferina octoplicata, *Sow. sp.*
Rhynchonella pleurodon, *Phill. sp.*
Camarophoria Purdoni, *Dav.*
Streptorynchus crenistria, *Phill. sp.*
— — *var.* robustus, *Hall.*
— pectiniformis, *Dav.*
Orthis resupinata, *Martin, sp.*
Productus striatus, *Fischer, sp.*
— longispinus, *Sow.*
— Cora, *d'Orb.*
— semireticulatus, *Martin. sp.*
— costatus, *Sow.*
— Purdoni, *Dav.*
Strophalosia Morrisiana, *King.* (?) *var.*

1. Terebratula (vel Waldheimia) Flemingii, *Dav.* Pl. IX, fig. 1 et 2.

Coquille variable dans sa forme, longitudinalement ovale ou faiblement pentagonale ; valves à peu près également profondes et bombées, mais ordinairement fort déprimées ; surface également lisse, exempte de sinus ou de pli. Crochet et ouverture petits et séparés de la ligne cardinale par un petit deltidium composé de deux pièces. Les arêtes latérales du crochet se prolongent sur les côtés. Bords des valves droits ; structure interne inconnue.

J'ai examiné un certain nombre d'exemplaires de cette espèce, provenant tous d'une couche dont on aperçoit les premières traces dans le ravin du Nilawan et que le Dr Fleming considère comme marquant le commencement de la formation carbonifère et dont l'épaisseur augmente graduellement en se dirigeant du côté de l'Ouest vers l'Indus.

Il est cependant à remarquer que cette coquille n'a pu être identifiée avec aucune Térébratule carbonifère de quelque partie du monde qu'elle provienne et qui me soit connue, tandis que par ses affinités elle me rappelle au contraire certaines formes de la période jurassique et particulièrement celle du groupe renfermant la *T. numismalis*.

Le plus grand exemplaire a une longueur de 13 lignes, une largeur de 11 et une profondeur de 8 lignes ; il est proportionnellement beaucoup plus convexe que les autres.

2. Terebratula biplicata, Brocchi (?), var. problematica. Dav. Pl. IX, fig. 3.

Coquille oblongue subpentagonale ; valve dorsale convexe, à peine plus profonde que la valve opposée et munie de deux plis bien prononcés ; valve ventrale plane dans son milieu, jusqu'à une certaine distance du crochet, où se trouve l'origine d'un bourrelet médian, limité de chaque côté par un sillon et s'étendant jusqu'au front. Crochet petit et tronqué, à ouverture médiocre. Bords des valves sinueux. Structure inconnue.

Longueur 20 et largeur 8 lignes.

Je n'ai vu qu'un seul échantillon de cette espèce que M. le Dr Fleming m'a assuré avoir été trouvé par lui-même, dans le calcaire carbonifère de Moosakhail ; et quoique la coquille soit silicifiée comme le sont également un grand nombre d'autres fossiles carbonifères du Punjaub, je ne puis m'empêcher de répéter ce que j'ai dit de l'espèce précédente, à savoir que la forme de celle-ci rappelle bien plus celle des espèces jurassiques ou crétacées (P. Ex. celle de la *T. biplicata* de Brocchi), que celle de toutes les espèces carbonifères qui me sont connues.

J'appelle en conséquence l'attention des géologues et des paléontologistes qui visiteront le district, sur les deux espèces que je viens de décrire, afin de s'assurer si réellement elles appartiennent à la période carbonifère, ainsi que cela a été indiqué par le Dr Fleming, ou si elles proviennent d'une formation moins ancienne.

3. Terebratula Himalayensis, Dav. Pl. IX, fig. 1.

Coquille ovale ou ovoïdopentagonale, plus longue que large; valves également et modérément convexes, exemptes de sinus et de plis; crochet assez petit, régulièrement courbé, tronqué, percé d'une ouverture circulaire et recouvrant faiblement le crochet de la valve opposée; son deltidium est plus ou moins grand. La surface des deux valves est lisse, à l'exception des bords sur lesquels on remarque un petit nombre de gros plis ayant 2 à 3 lignes de longueur; quatre ou cinq de ces plis occupent le front, tandis que deux ou trois autres servent à orner chaque côté de la valve; on compte donc en tout onze de ces plis ou côtes arrondies autour du bord de chaque valve. Le plus grand exemplaire que j'en ai vu a 11 lignes de long, 9 de large, et 6 de haut.

Cette espèce semble être commune dans le calcaire carbonifère du Punjaub et le caractériser parfaitement.

Tous les échantillons de Moosakhail sont silicifiés.

4. Terebratula subvesicularis, Dav. Pl. IX, fig. 4.

Coquille petite, subpentagonale, plus longue que large; valves inégalement convexes, la valve ventrale étant plus profonde que la valve opposée; crochet recourbé, tronqué, percé d'une petite ouverture de forme ovale et recouvrant le crochet de la petite valve. Surface lisse sur la moitié supérieure de la coquille, dont les bords sont ornés de sept petits plis; un ou deux de ces plis se trouvent placés dans une faible dépression médiane de la valve dorsale, de sorte que le bord frontal de la valve est ordinairement triondulé, parce que un ou deux des plis médians se trouvent à un niveau inférieur à celui occupé par les plis latéraux; les plis de la valve ventrale sont disposés à peu près de la même façon.

Les dimensions de cette espèce sont généralement petites. Un échantillon de grandeur moyenne a 7 lignes de long et 6 1/2 de large.

Cette forme ne parait pas être rare dans un calcaire de couleur foncée des environs de Moosakhail, et diffère des

T. vesicularis, de Kon. et *Himalayensis*, par l'arrangement de ses plis marginaux.

5. ATHYRIS ROYSSII, Leveillé, sp. Pl. IX, fig. 6.

Cette espèce caractéristique et bien connue, est très-abondante à Moosakhail et dans diverses autres localités de la Chaîne salifère (Salt-range). Elle présente identiquement les mêmes caractères que ceux que possèdent les échantillons européens. Le capitaine Strachey l'a rencontrée dans les schistes noirs de Chor Holi Pass.

6. ATHYRIS SUBTILITA (Hall, sp.) var. GRANDIS. Dav. Pl. IX, fig. 7 et 8.

Terebratula subtilita, Hall (?) dans Howard Stansbury's Exploration of the Valley of the Great Salt Lake of Utah, p. 409, pl. 2, fig. 1 et 2. 1852.

Cette espèce paraît être commune dans le Punjaub ; elle y a été trouvée dans plusieurs localités, mais plus abondamment à Moosakhail. Elle est très-variable dans sa forme et dans sa taille ; en sorte que (comme l'a si bien fait observer le Dr Shumard dans la description de cette espèce recueillie dans les assises carbonifères de la rivière rouge à la Louisiane) l'on serait porté à faire plusieurs espèces de ses variétés, si l'on n'avait pas à sa disposition un certain nombre d'échantillons.

Quelques uns de nos spécimens indiens sont parfaitement semblables à ceux de l'Iowa ou du village Pecos dans le Nouveau-Mexique, où le type de l'espèce a été découvert ; tandis que d'autres sont plus grands et plus enflés ou plus globuleux que ceux qui me sont connus en Europe et en Amérique, quoique ces derniers concordent assez bien avec certains échantillons du comté de Washington dans l'Arkansas, décrits par le Dr Shumard.

Le plus grand exemplaire indien qui m'ait été confié a une longueur de 21, une largeur de 18 et une profondeur de 17 lignes.

7. RETZIA RADIALIS. (Phillips, sp.), var. GRANDICOSTATA, Dav. Pl. IX, fig. 5.

Coquille allongée, ovale, à valves également profondes ou

convexes ; le crochet est allongé, tronqué et percé d'une petite ouverture circulaire, séparée de la ligne cardinale, par une petite area ; chaque valve porte environ 13 ou un plus grand nombre de côtes angulaires, dont la médiane est la plus développée et correspond à un sillon un peu plus profond dans la valve opposée. La taille et les plis de nos échantillons britaniques de la *R. radialis* sont très-variables. Les plis de la forme typique sont plus étroits et plus nombreux que ceux de la variété du Punjaub, tandis que des échantillons identiques à cette dernière ont été trouvés en Angleterre et dans le terrain carbonifère de la Bolivie.

Le Dr Fleming, constate que cette espèce est peu abondante, aux environs de Moosakhail.

8. Spirifera striata, Martin, sp. Pl. IX, fig. 9 et 10.

Le Dr Fleming, n'a rencontré que trois ou quatre échantillons incomplets de cette espèce, qui ne se distinguent en rien des échantillons anglais décrits par Martin.

Elle se trouve à Nulle, à Chederoo et dans diverses autres localités.

9. Spirifera Moosakhailensis, Dav. Pl. XI, fig. 2.

Coquille transversalement subrhomboïdale ; valves à peu près également profondes ou convexes ; bord cardinal très-variable en longueur ; tantôt égalant la largeur de la coquille, tantôt ne possédant pas la moitié de cette largeur ; area ventrale d'une étendue modérée ; fissure large et partiellement recouverte par un pseudo-deltidium. Area dorsale sublinéaire ; crochet petit et faiblement recourbé. La valve dorsale porte un large lobe médian anguleux, auquel correspond un large sinus dans la valve opposée. Toute la surface de la coquille est ornée d'un grand nombre de petites côtes, rassemblées en fascicules composés de sept ou huit côtes groupées ensemble ; cette disposition donne aux valves l'apparence d'un double plissement, parce que plusieurs petites côtes sont interposées entre les autres ; toute la surface est couverte d'un grand nombre de petites lamelles tranchantes, concentriques et ondulées, dont quatre au plus occupent l'espace d'une ligne. Dimensions très-variables : un grand échantillon a une longueur de 26 lignes, une largeur de 39 et une épaisseur de 18 ou 19 lignes.

J'ai longtemps hésité à proposer un nouveau nom pour le *Spirifer* que je viens de décrire. Par sa forme générale et par la manière dont ses plis sont groupés, il ressemble beaucoup à certaines espèces connues et particulièrement à celle figurée par M. D. Owen, dans son ouvrage intitulé *Geological survey of Wisconsin and Minnesota* (Pl. 5, fig. 4), sous le nom de *Spirifer fasciger*, Keyserling? mais je partage le doute de cet auteur sur l'identité complète de l'espèce américaine avec l'espèce russe décrite par M. de Keyserling. L'espèce indienne se rapproche encore par sa forme de certains exemplaires des *Sp. Condor*, d'Orb. et *cameratus*, Hall, ainsi que de variétés exceptionnelles de *Spirifera striata* d'Angleterre ; mais sur aucune de ces variétés on n'aperçoit les lamelles particulières et parfaitement régulières dont la surface du *Sp. Moosakhailensis* est recouverte et qui, par leur disposition concentrique et ondulée, leur tranchant et leur saillie, ressemblent si bien à celles du *Sp. laminosa* et communiquent à la coquille sa belle apparence sculptée.

Ce spirifer est commun au Punjaub, à Moosakhail, à Chederoo, à Kafir Kote, etc.

10. Spirifera lineata, Martin, sp. var. Pl. XI, fig. 3.

La taille de cette espèce est très-variable en Europe, mais, à ma connaissance, elle n'y a jamais atteint les proportions de certains échantillons provenant du Punjaub ; cette grande différence m'a laissé pendant quelque temps dans l'incertitude de savoir si ces derniers appartenaient réellement à notre espèce européenne si bien connu ; mais après avoir examiné attentivement quelques exemplaires indiens de taille moyenne, j'ai trouvé qu'il était impossible de les distinguer de l'espèce typique de Martin. La disposition particulière des spinules, si bien développée dans certains échantillons Ecossais du *Sp. lineata*, se remarque également par-ci, par-là sur les exemplaires silicifiés du Punjaub. Le plus grand des échantillons indiens qui me soit connu, possède une longueur de 3 pouces 2 lignes, une largeur de 3 $^1/_2$ pouces et une épaisseur de un pouce 7 lignes. Un autre, identique avec un échantillon du Derbyshire, a 22 lignes de long et 23 de large.

Cette espèce se trouve à Chederoo et à Moosakhail ; c'est celle que en 1853, moi et M. de Verneuil avons considérée comme très-voisine du *Sp. lineata*.

11. Spiriferina octoplicata, Sow. sp. Pl. X, fig. 12 et 13.

Les échantillons trouvés à Moosakhail sont parfaitement identiques à ceux qui proviennent du terrain carbonifère Anglais ; le nombre et la forme de leurs plis éprouvent exactement les mêmes variations.

12. Rhynchonella pleurodon, Phillips, sp.

M. le Dr Fleming, a rencontré un ou deux exemplaires de cette espèce, dont les caractères concordent parfaitement avec ceux du type anglais.

13. Camarophoria Purdoni, Dav. Pl. XII, fig. 4.

Coquille faiblement subrhomboïdale ou deltoïde, plus large que longue. Valves également convexes; valve dorsale garnie d'un large lobe médian, correspondant à un sinus semblable de la valve opposée. La surface de chaque valve est ornée de 18 à 22 côtes anguleuses, dont 7 ou 8 occupent le lobe et 6 ou 7 le sinus. Le crochet est petit et très-recourbé, de sorte que l'ouverture, qui est située à l'extrémité angulaire du crochet, est à peine visible. Il n'existe aucune trace d'expansions marginales.

Cette espèce ne paraît pas être rare dans le Punjaub; on la rencontre à Moosakhail, à Vurcha, etc.

15. Streptorynchus crenistria, (Phillips) var. robustus, Hall. Pl. X, fig. 16.

Orthis robusta, Hall, Report of the geological survey of the State of Jowa, p. 513, pl. 28, fig *d*; 1858.

Coquille de forme pentagonale et plano-convexe; bord cardinal occupant à peu près toute la longueur de la coquille. Valve dorsale semicirculaire et gibbeuse; valve ventrale pentagonale et presque plane; area triangulaire et très-haut, muni d'un petit pseudo-deltidium. Surface garnie de petites côtes rayonnantes, séparées les unes des autres par des sillons du même diamètre, sauf celles qui, à certaine distance du crochet, viennent s'y interposer par bifurcation et qui alors sont plus étroites à leur origine. Ces côtes sont traversées par un grand nombre de petites stries concentriques. Un échantillon pris dans le calcaire carbonifère de Vurcha a une longueur de 21 lignes, une largeur de 23 et une épaisseur de 14 lignes.

Les specimens de cette variété du *S. crenistria* provenant du Punjaub, ressemblent si parfaitement à ceux de l'*Orthis robusta*, Hall, recueillis dans le terrain houiller du comté St. Clair, dans l'Illinois (Amérique du Nord), que je considère comme identiques les uns et les autres.

16. STREPTORYNCHUS PECTINIFORMIS, Dav. Pl. X, fig. 17.

Coquille de forme pectinoïde; valves également convexes; bord cardinal quelquefois plus petit, rarement plus long que la moitié de la largeur des valves, muni d'extrémités angulaires saillantes. Area ventrale triangulaire, ordinairement plus haute que large et partagé longitudinalement dans son milieu, par un pseudodeltidium petit et convexe. L'extrémité du crochet est pointue et s'incline plus ou moins vers l'un ou l'autre côté. Valve dorsale pectinoïde, très-bombée vers le crochet et garnie de petites oreillettes, mais légèrement déprimée vers le milieu. Les ornements des valves consistent en 12 à 14 plis anguleux; toute la surface (à l'exception de l'area), est couverte de petites côtes rayonnantes et crenelées, dont le nombre augmente vers les bords par interposition de côtes plus étroites. Le plus grand exemplaire connu par moi, a une longueur de 20 lignes, une largeur à peu près semblable et une épaisseur de 14 lignes.

Cette belle coquille n'est pas rare dans le calcaire carbonifère de Moosakhail, de Chederoo, de Nulle et de Kafir Kote. Elle me paraît bien distincte de toutes ses espèces congénères.

17. ORTHIS RESUPINATA, Martin, sp. Pl. X, fig. 15.

Le Dr Fleming, n'a recueilli dans le Punjaub, qu'un ou deux exemplaires de cette espèce si bien connue.

18. PRODUCTUS STRIATUS, Fischer, sp. Pl. X. fig. 18.

Cette espèce européenne ne parait pas être rare dans un calcaire d'un jaune pâle des environs de Khond, dans le Punjaub.

19. PRODUCTUS LONGISPINUS, Sow. (= P. Flemingii ejusd.). Pl. X, fig. 19.

Le Dr Fleming, a découvert à Moosakhail, dans le Punjaub et à Srinuggur, dans le Caschemire, deux échantillons parfaitement ressemblants à ceux qui forment le type de l'espéce décrite par Sowerby;

l'échantillon figuré est celui qui a été déterminé en 1853 par M. de Verneuil et par moi-même.

20. Productus Cora, d'Orbigny.

Des échantillons identiques à ceux d'Amérique et d'Europe, ont été trouvés à Kafir Kote, à Moosakhail, etc.

21. Productus semireticulatus, Martin, sp.

Le Dr Fleming a recueilli deux ou trois échantillons de cette espèce, dans le Punjaub.

22. Productus costatus, Sow. Pl. X, fig. 20 et 21

Cette espèce semble être l'une des plus communes du calcaire carbonifère du Punjaub. On la rencontre à Moosakhail, Kafir Kote, etc., où elle atteint quelquefois des proportions considérables, comme on pourra s'en assurer par l'inspection de la planche.

Les exemplaires indiens ne diffèrent en rien de ceux de l'Europe.

23. Productus Purdoni, Dav. Pl. XII, fig. 5.

Coquille ovale, allongée, ayant sa plus grande largeur vers les deux tiers de sa longueur à partir du crochet; valve ventrale modérément convexe, plane dans son milieu et divisée longitudinalement en deux lobes par un sinus profond, qui a son origine à l'extrémité du crochet et s'étend jusqu'au front. Crochet et oreillettes petits; bord cardinal très-court et ne dépassant pas généralement la moitié de la largeur de la coquille. La valve dorsale est beaucoup plus plane, à l'exception d'une petite partie marginale, où elle devient concave; elle est divisée en deux parties par un bourrelet médian, lequel partant du bord cardinal, s'étend jusqu'au front. La surface extérieure de la valve ventrale est entièrement couverte de petits tubercules allongés et étroits, qui servent de base à un grand nombre de petites épines tubulaires; les uns et les autres de ces ornements sont plus minces et plus courts sur les bords que sur le restant de la coquille. La valve dorsale est ornée de petites fossettes et de petits tubercules d'où partent également de petites épines, mais celles-ci sont beaucoup moins nombreuses que celles existant sur la valve opposée, ainsi qu'il est facile de le constater. Un grand échantillon a une longueur de 2 pouces 3 lignes, une largeur de 2 pouces 2 lignes et une hauteur d'un pouce.

J'ai pu examiner plusieurs échantillons de cette espéce intéressante, provenant de Chederoo et de Moosakhail.

24. PRODUCTUS HUMBOLDTII, d'Orbigny. Pl. XII, fig. 6.

Productus Humboldtii, d'Orb. Paléont. du voyage dans l'Amér. mérid., pl. 5, fig. 4 et 7; 1842.

Coquille transverse, arrondie, à valve ventrale modérément convexe, garnie d'un large sinus longitudinal, peu profond, ayant son origine à une petite distance du crochet et s'étendant jusqu'au front. Crochet petit et recourbé; bord cardinal un peu plus court que le diamètre transverse de la coquille. Valve dorsale plane vers sa partie cardinale, faiblement concave à une petite distance du bord et garnie d'un petit lobe médian, qui n'est perceptible que près du front. La surface de la valve ventrale est couverte d'un grand nombre de petits tubercules allongés, plus ou moins disposés en quinconce et servant de base à de petites épines tubuleuses.

Le plus grand échantillon trouvé par le Dr Fleming a 13 1/2 lignes de longueur, 16 de largeur et 6 1/2 d'épaisseur.

Tous les exemplaires proviennent de Kafir Kote, situé sur la rive occidentale de l'Indus. D'Orbigny a rapporté ses échantillons de Yarbichambi, situé sur le plateau Bolivien des Andes.

Je crois devoir faire observer que plusieurs des spécimens indiens ont tant de ressemblance avec quelques uns de notre *P. scabriculus* britannique, qu'il est très-difficile de distinguer les uns des autres.

25. STROPHOLOSIA MORRISIANA, King. (?) var. Pl. XII, fig. 8.

J'ai trouvé, parmi les fossiles provenant de Moosakhail, deux échantillons d'une coquille qui ressemble si fort à certains exemplaires du *Stropholosia Morrisiana* permien, que ni moi, ni MM. Kirkby et Howse n'ont pu trouver la moindre différence entre eux. Sa forme est à peu près parfaitement circulaire; la convexité de la valve ventrale, et la concavité de la valve opposée, sont celles de l'espèce permienne; il en est de même des proportions relatives des areas et des épines allongées et déprimées qui couvrent la surface de la valve ventrale. La seule différence que nous ayons pu remarquer entre ces deux, consiste dans l'absence des petites stries rayonnantes, si bien marquées sur les échantillons parfaits de l'espèce décrite par M. King ; il est toutefois à remarquer que ce dernier caractère est négatif, et de peu de valeur, puisque plusieurs échantillons de l'espèce recueilli à Tunstall Hill, ne le possèdent pas. Les matériaux dont je dispose, ne sont cependant pas suffisants pour me permettre d'affirmer la parfaite identité des deux. Il est donc prudent de considérer en ce moment le fossile du Punjaub, comme une variété du *S. Morrisiana*. (1).

II. — Brachiopodes carbonifères, recueillis dans l'Inde par M. W. Purdon, membre de la société géologique de Londres.

A la demande de M. Purdon, j'ai examiné les brachiopodes recueillis par lui, pendant son séjour dans le Punjaub et dans les districts N. E. de l'Himalaya.

La collection de M. Purdon renferme un grand nombre de beaux échantillons, fort intéressants des espèces suivantes (2) :

1. *Terebratula Himalayensis*, Dav.
2. *Athyris Royssii*, Leveillé.
3. *Athyris subtilita*, Hall. (?), var.
4. *Spirifera Moosakhailensis*, Dav.
5. *Spirifera lineata*, Martin, var.
6. *Rhynchonella pleurodon*, Phill., var.
7. *Camarophoria Purdoni*, Dav.
8. *Streptorynchus crenistria*, Phillips.
9. *Streptorynchus pectiniformis*, Dav.

(1) En 1857, MM. Howse, Kirkby et moi-même, nous avons émis l'opinion que le *S. Morrisiana* du permien britannique devait être considéré comme identique avec le *S. lamellosa* de M. Geinitz, ou tout au plus comme une variété de ce dernier ; mais quoique nous ne soyons pas encore décidés à abandonner cette opinion, il est bon de faire observer que le Dr Geinitz ne la partage pas et qu'il soutient, dans son ouvrage qui vient de paraître, sous le titre de *Dyas oder Zechstein* etc., que les *S. lamellosa* et *Morrisiana* sont des espèces entièrement différentes. Mais on ne doit pas oublier que le *S. lamellosa* semble avoir été une espèce bien variable dans ses formes, son mode d'accroissement et l'arrangement de ses épines, ce qui a pu dépendre des conditions physiques dans lesquelles elle s'est trouvée placée et ce qui ne doit pas être négligé dans les déductions philosophiques sur la nature de l'espèce.

(2) Je n'avais pas l'intention de m'occuper des espèces recueillies par M. Purdon, avant la publication du mémoire qu'il prépare sur la géologie du Punjaub; mais ayant également promis à M. le Dr Fleming de décrire celles qu'il avait trouvées dans les mêmes localités, j'ai cru qu'il était bon de ne pas remettre plus longtemps l'indication des espèces rapportées par ce premier, en lui laissant tout l'honneur de ses découvertes.

10. *Productus striatus*, Fischer.
11. *Prod. Cora*, d'Orb.
12. *Prod. Purdoni*, Dav.
13. *Prod. costatus*, Sow.
14. *Prod. Humboldtii*, d'Orb.
15. *Prod. semireticulatus*, Martin.
16. *Strophalosia Morrisiana*, King. (?) var.
17. *Aulosteges Dalhousii*, Dav.
18. *Crania* (espèce indéterminable).

Ayant déjà décrit, dans les pages précédentes, les espèces mentionnées sous les seize premiers numéros, il ne me reste, pour compléter tout ce qui a été découvert jusqu'à ce jour, qu'à compléter ma notice, par la description de l'*Aulosteges Dalhousii*, d'après l'échantillon intéressant trouvé par M. Purdon dans les roches carbonifères (?) du Punjaub.

Aulosteges Dalhousii, Dav. Pl. XII, fig. 7.

Coquille de forme subtrigonale, plus large que longue, angles antérieurs arrondis, faiblement sinueux sur le front; bord cardinal un peu plus long que la moitié du diamètre transverse de la coquille; valve ventrale convexe, partagée en deux par un sinus large et profond; crochet assez droit, mais s'inclinant un peu plus d'un côté que de l'autre, area plane, irrégulièrement triangulaire, formant un angle obtus avec le plan de la valve dorsale et portant dans son milieu un pseudo-deltidium étroit et convexe; toute la surface de la coquille, à l'exception de celle de l'area, est couverte de fines épines tubuleuses, qui dans certains endroits paraissent avoir eu une longueur de 4-5 lignes. Les épines touchent presque la surface des valves et leurs extrémités sont dirigées vers les bords de la coquille. La valve dorsale est convexo-concave, c'est-à-dire, convexe jusqu'à une petite distance du bord, où elle devient concave. L'area dorsale est étroite et linéaire; toute la surface de cette valve semble avoir été couverte de minces épines. A l'intérieur de la valve dorsale, la dent cardinale est trilobée; on remarque de chaque côté des traces d'alvéoles; une petite lame longitudinale, qui a son origine dans la dent cardinale, s'étend légèrement au-delà de la moitié de la longueur de la valve; de chaque côté de cette lamelle se trouvent deux impressions allongées, de forme ovale et dendritique, qui sans aucun doute, ont été produites par l'attache du muscle adducteur. Aux extrémités internes de celles-ci, commencent les impressions réniformes, lesquelles sont marquées par une ligne courbe qui s'étend jusque vers le bord et qui tournant d'une manière abrupte sur elle-même, vient se terminer à une petite distance de son point de départ. L'intérieur de la valve ventrale n'a pas pu être observé.

Un examen attentif de cette espèce intéressante, m'a convaincu, que par ses affinités, elle appartient beaucoup plus au sous-genre Aulosteges de M. Helmersen qu'aux *Strophalosia* de M. King. Spécifiquement elle ressemble à *A. Wangenheimi* (= *A. variabilis*, Helmersen); mais je suis d'avis qu'elle s'en distingue par sa forme générale, par sa taille et par sa structure interne.

Les espèces dont se composent les sous-genres *Aulosteges* et *Strophalosia*, quoique représentés dans la période carbonifère, semblent plus spécialement caractériser en Europe, la période permienne. Il reste donc à savoir, si dans le Punjaub il n'existe pas au-dessus des couches carbonifères bien authentiques, une mince couche permienne d'où seraient provenus l'*A. Dalhousii* et la variété du *Strophalosia Morrisiana* dont j'ai donné la description ci-dessus et qui en tombant, se seraient mélangés aux coquilles de la période carbonifère. J'ai encore à faire remarquer, qu'une autre espèce de *Strophalosia* (*S. Gerardi*, King.) a été découverte il y a quelques années, par M. le Dr Gérard dans la chaine de l'Himalaya, à 17,000 pieds au-dessus du niveau de la mer.

Un seul échantillon d'*Aulosteges Dalhousii*, a été trouvé jusqu'ici dans le calcaire carbonifère (?) de Moosakhail.

En terminant, je dois faire observer que le nombre total des espèces de Brachiopodes carbonifères, découvertes jusqu'ici par le Dr Fleming et par M. Purdon, dans la chaine salifère (Salt-range) du Punjaub, s'élève à 28, dont 15 se retrouvent dans les formations européennes de la même période, bien que plusieurs d'entre elles aient atteint dans l'Inde des proportions beaucoup plus grandes. Il est très-probable que des nouvelles recherches faites dans les dépôts carbonifères du Punjaub, amèneront au jour un certain nombre d'espèces qui viendront augmenter la liste de celles que je viens d'énumérer.

EXPLICATION DES PLANCHES

IX, X, XI et XII.

Planche IX.

Fig. 1. *Terebratula* (vel *Waldheimia*) *Flemingii*, Dav.
Fig. 2. Variété de la même espèce.
Fig. 3. *T. biplicata*, Brocchi (?), var. *problematica*, Dav.
Fig. 4. *T. subvesicularis*, Dav.
Fig. 5. *Retzia radialis* , Phill., var. *grandicosta*, Dav.
Fig. 6. *Athyris Royssii* , Leveillé.
Fig. 7. *Athyris subtilita* , Hall, var. *grandis*, Dav.
Fig. 8. Variété de la même espèce.
Fig. 9 et 10. *Spirifera striata* , Martin.
Fig. 11. *Spiriferina octoplicata*. Sow.

Planche X.

Fig. 12, 13 et 14. *Spiriferina octoplicata*, Sow. variétés.
Fig. 15. *Orthis resupinata*, Martin.
Fig. 16. *Streptorynchus crenistria* , Phill., var. *robustus*, Dav.
Fig. 17. *Streptorynchus pectiniformis*, Dav.
Fig. 18. *Productus striatus*, Fischer.
Fig. 19. *Productus longispinus* , Sow.
Fig. 20. *Productus costatus* , Sow.
Fig. 21. Intérieur de la valve dorsale du même.

Les figures de ces deux planches , ont été faites d'après des échantillons de la collection du Dr Fleming et du Musée de la société géologique de Londres.

Planche XI.

Fig. 1. *Terebratula Himalayensis*, Dav.
Fig. 2, *a*, *b*. *Spirifera Moosakhailensis*, Dav. (adulte).
Fig. 2, *c*. Jeune échantillon de la même espèce.
Fig. 3. *Spirifera lineata* , Martin.

Planche XII.

Fig. 4. *Camarophoria Purdoni,* Dav.
Fig. 5. *Productus Purdoni,* Dav.
Fig. 6. *Productus Humboldtii,* d'Orb.
Fig. 7. *Aulosteges Dalhousii,* Dav.
Fig. 8. *Strophalosia Morrisiana,* King. (?), var.

Les échantillons figurés dans ces deux dernières planches ont été recueillis par M. W. Purdon et se trouvent maintenant dans la collection de M. Davidson.

Pl. I.

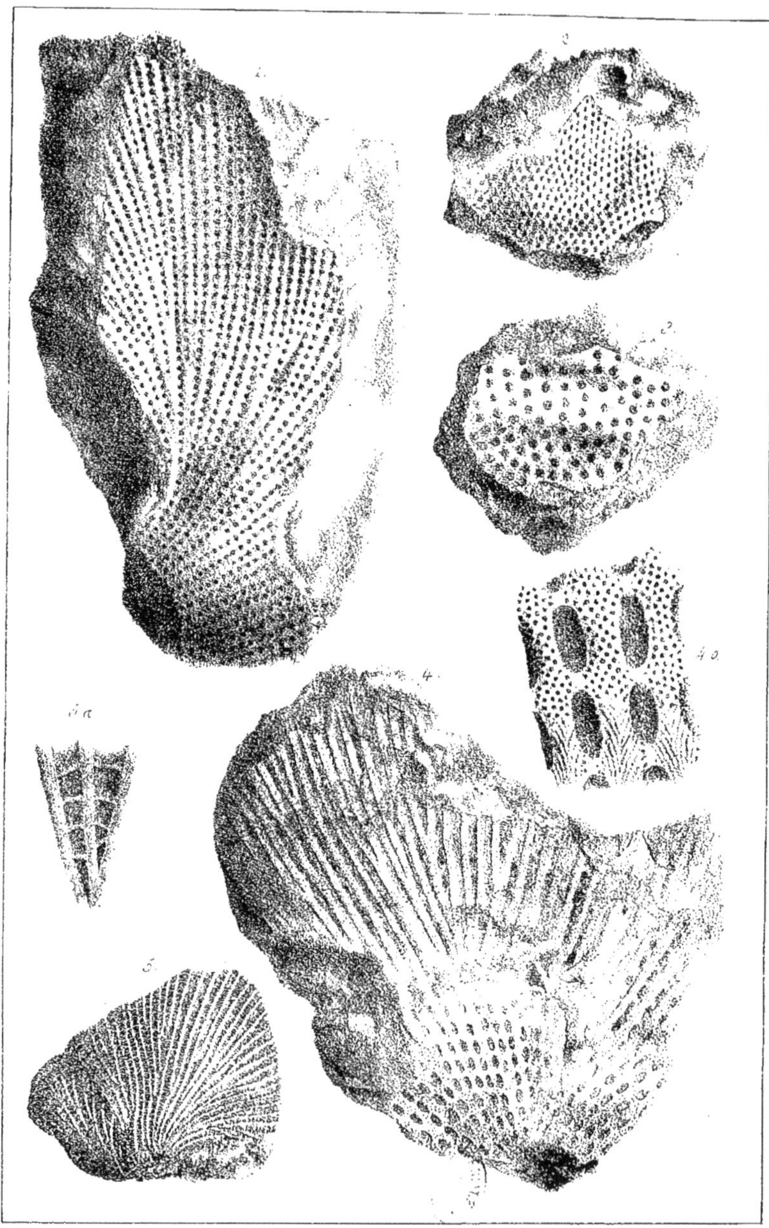

Pl. II.

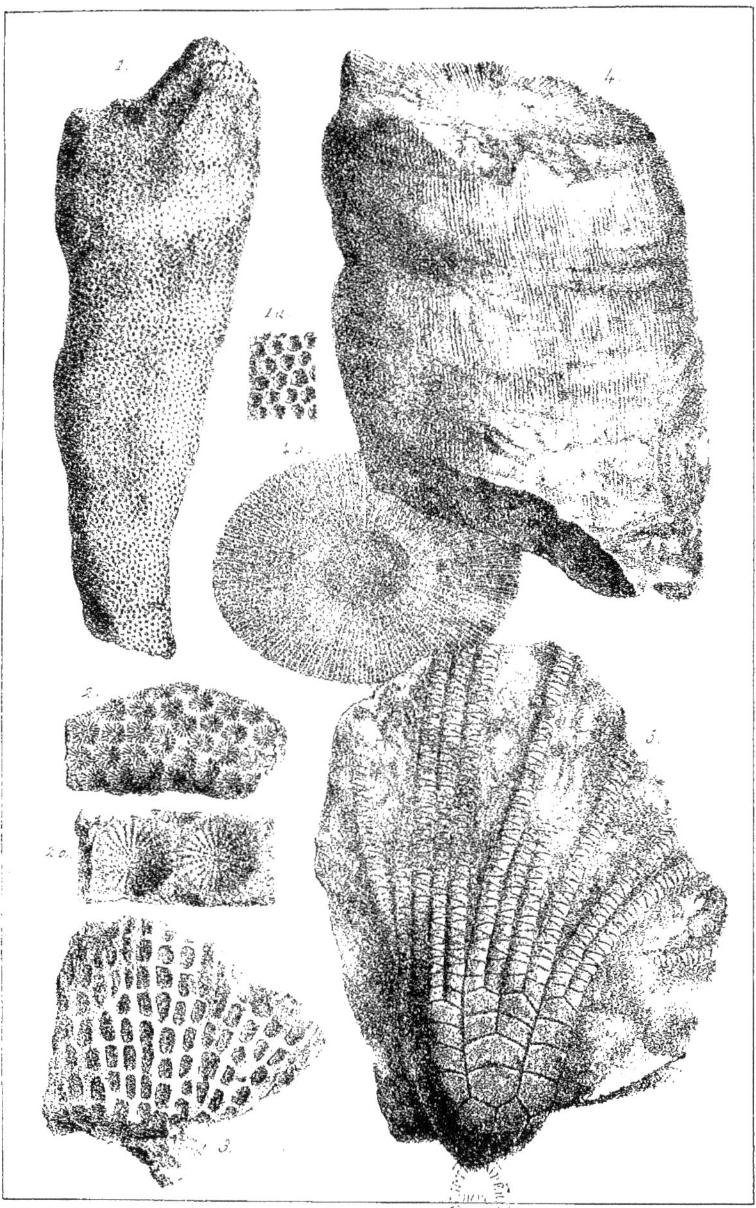

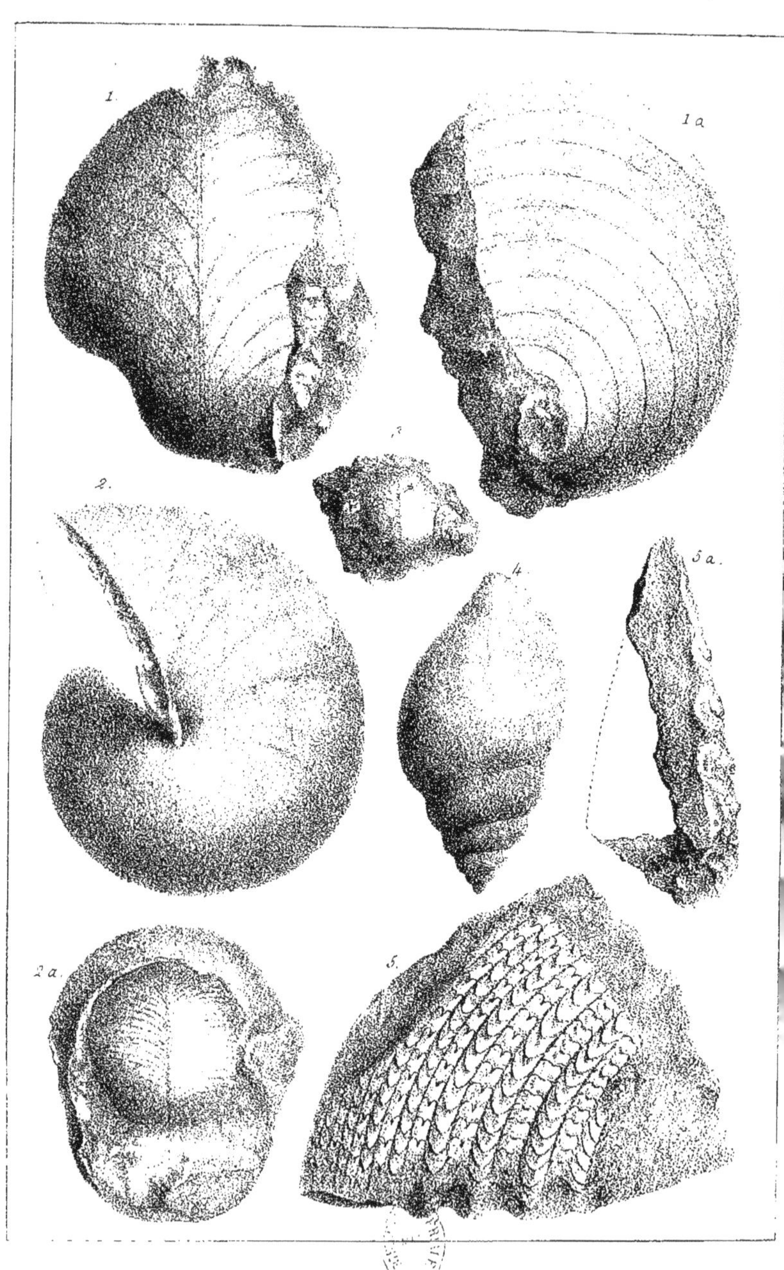
1.
1 a
2.
4.
5 a.
2 a.
5.

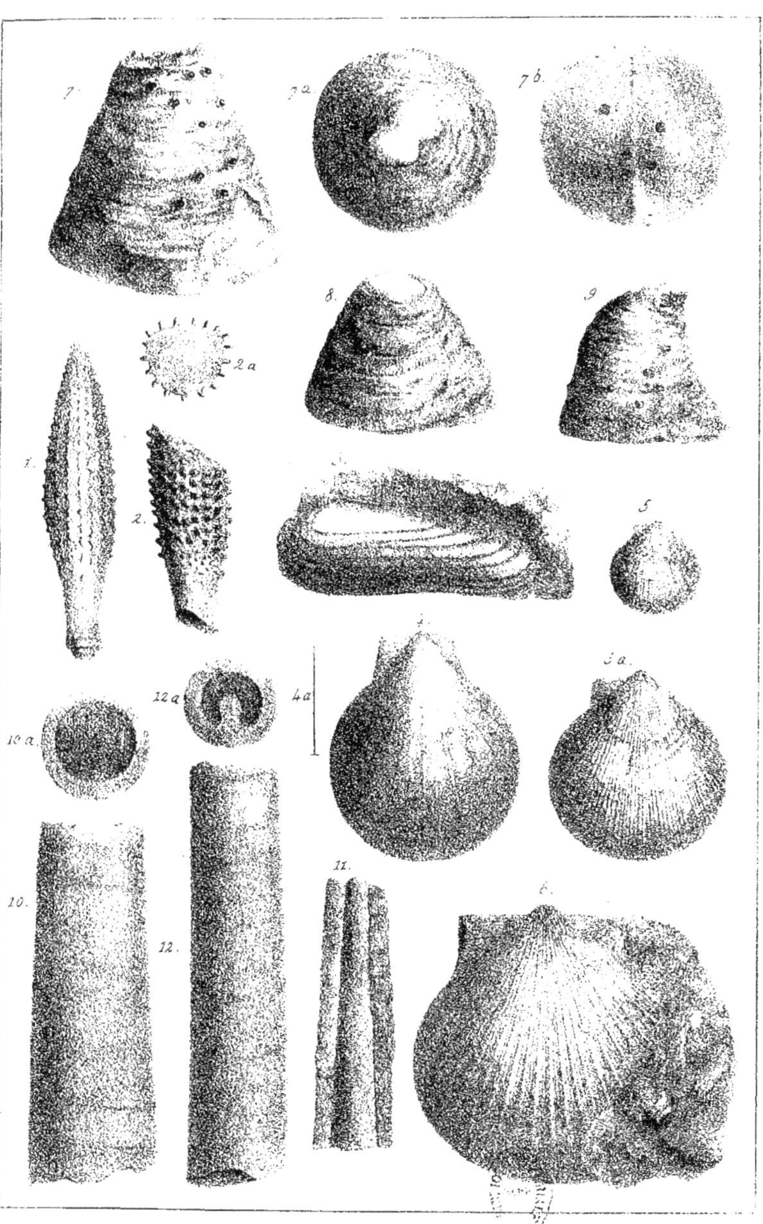
7
7a
7b
8
9
2a
1
2
5
5a
4a
12a
10a
10
12
11
6

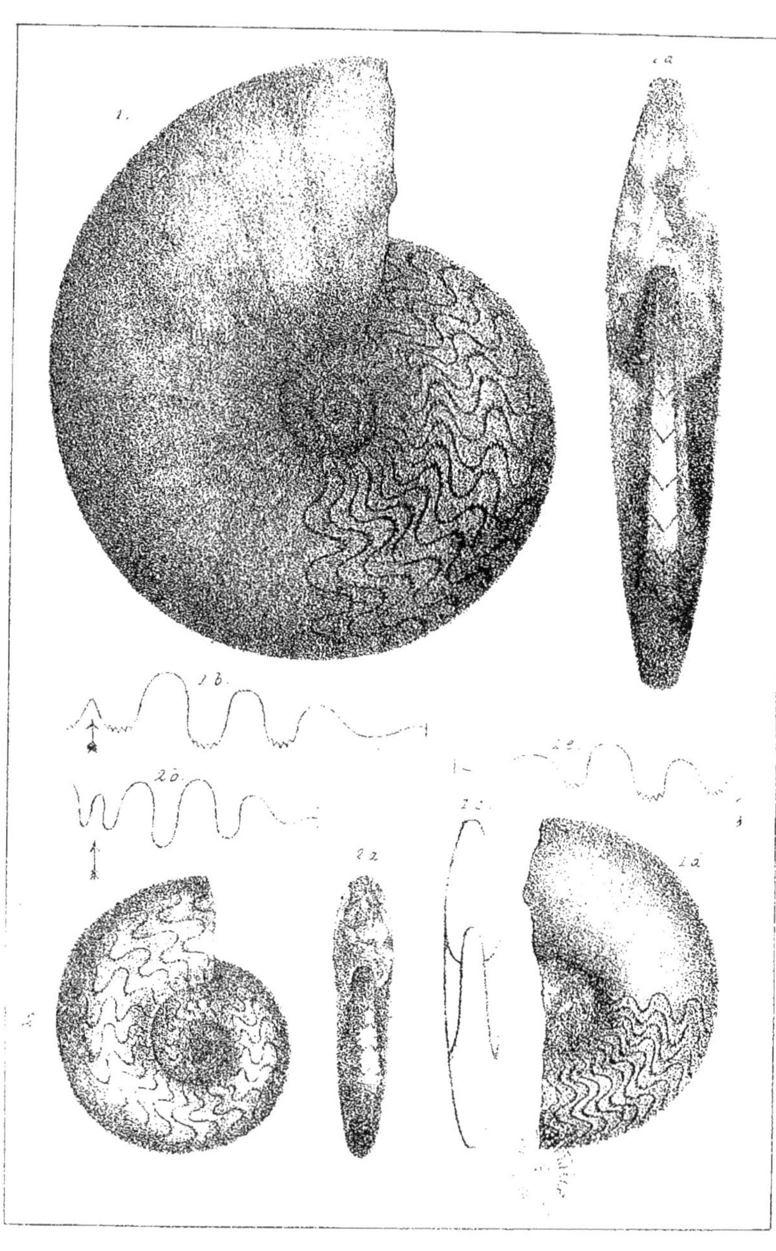

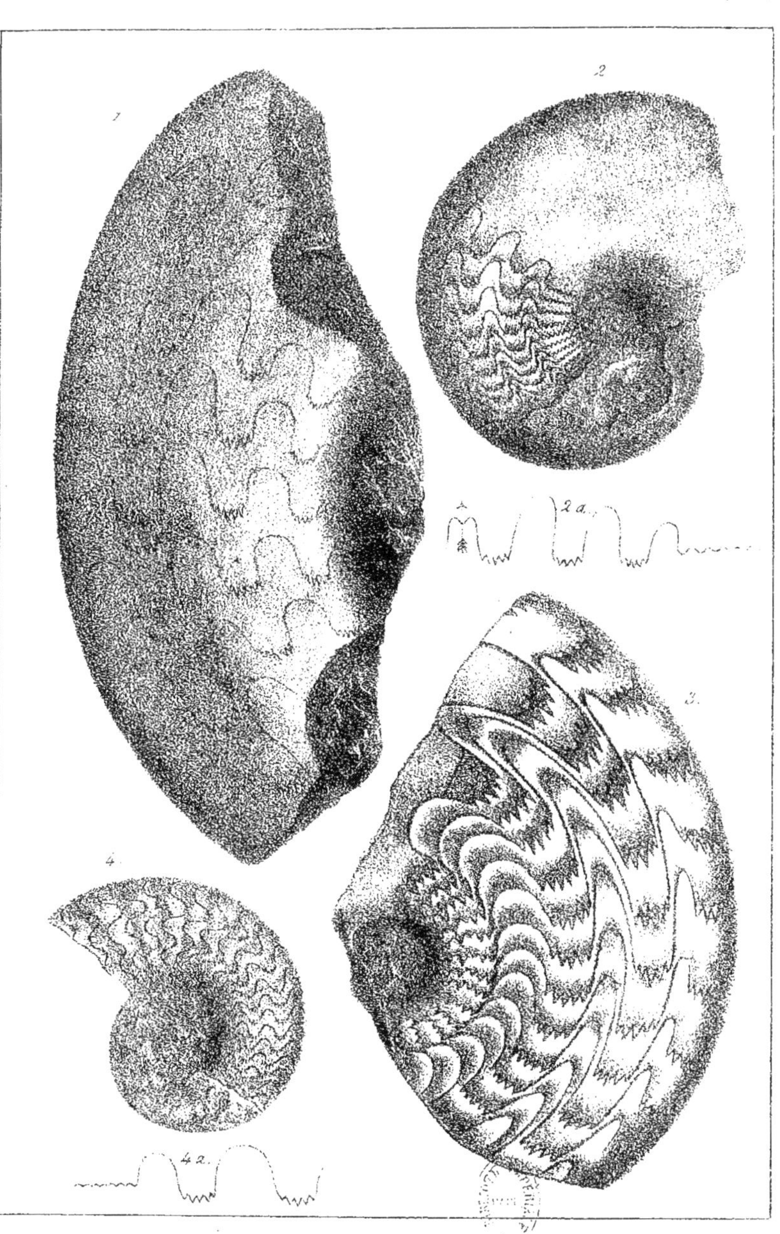
1
2
2 a.
3.
4.
4 a.

Pl. VII.

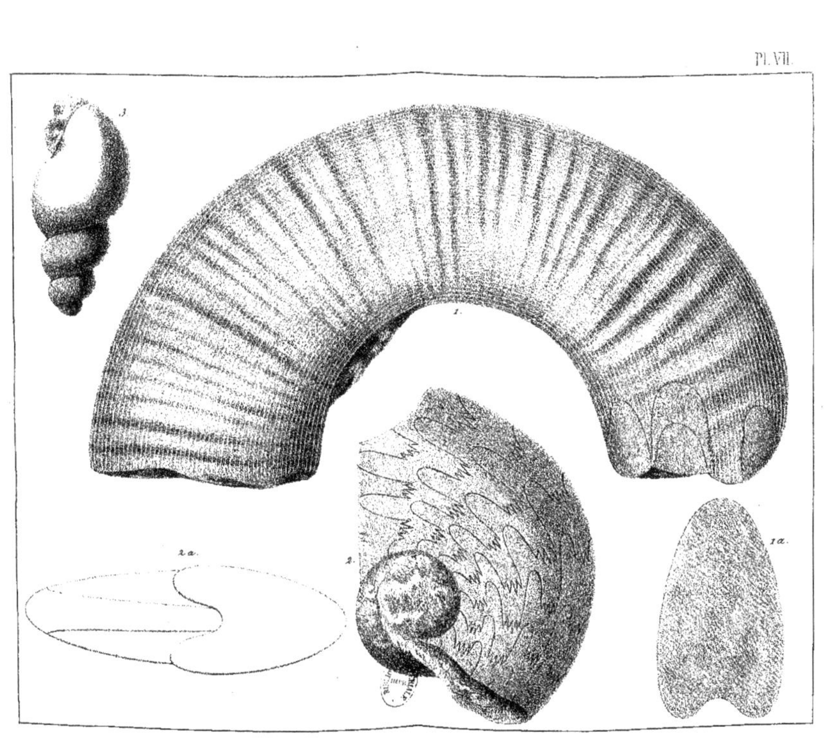

Pl. VIII.

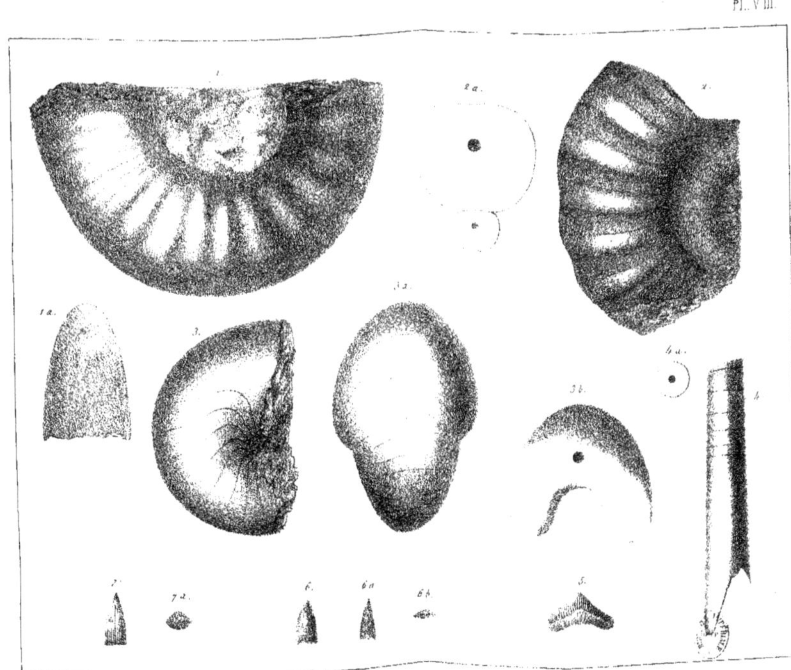

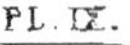
PL. IX.

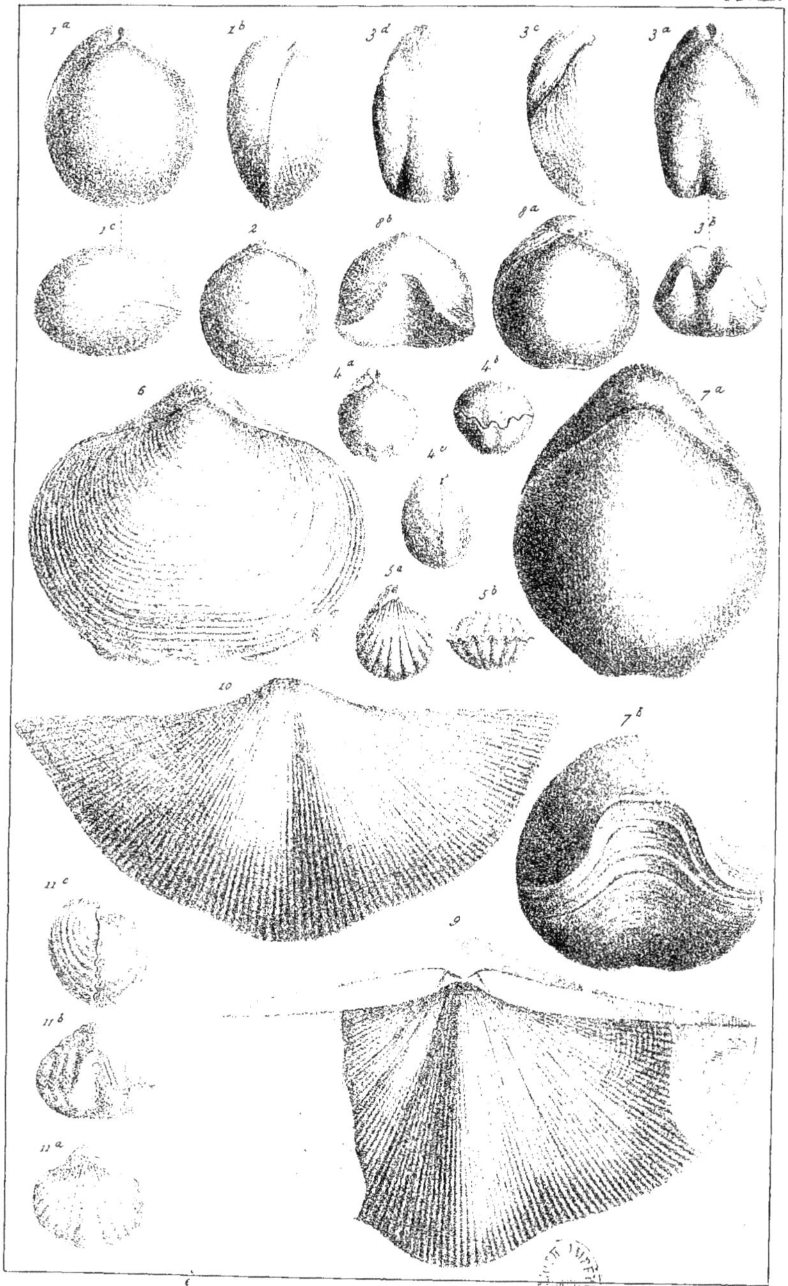

PL. X.

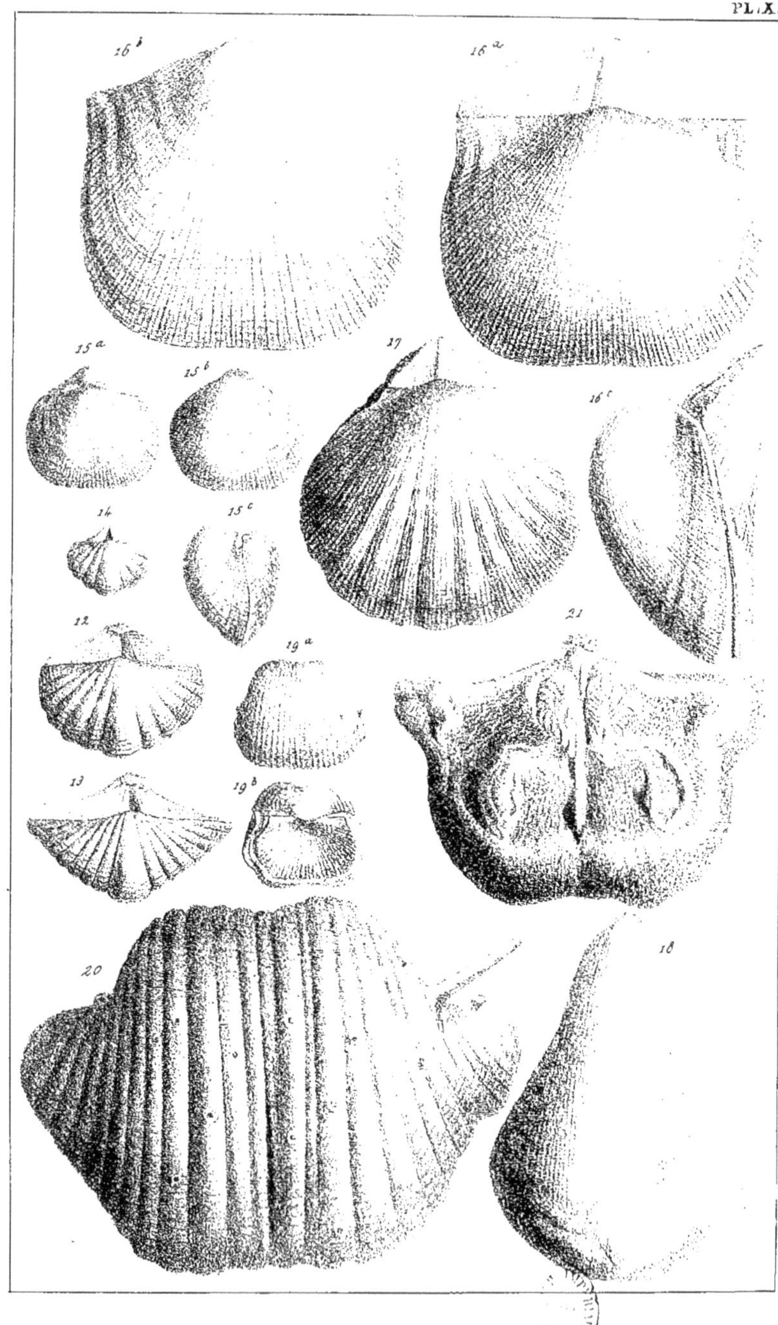

PL. XI.

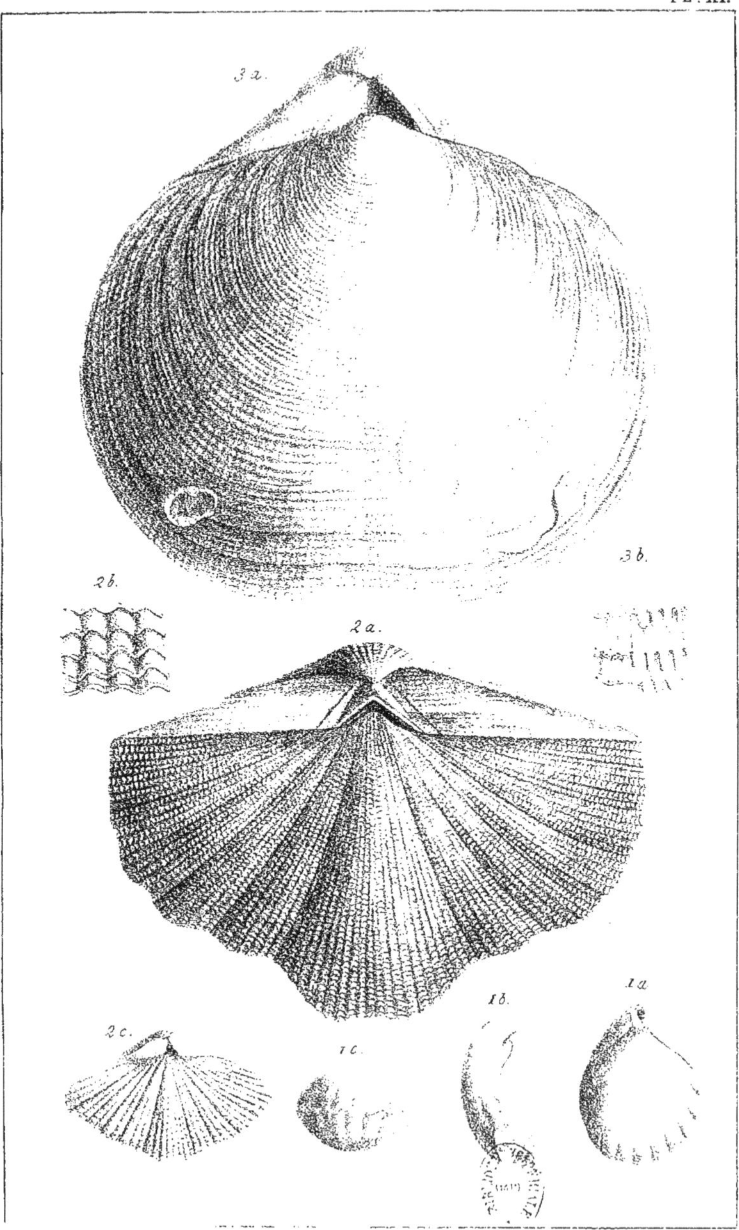

PL. XII.

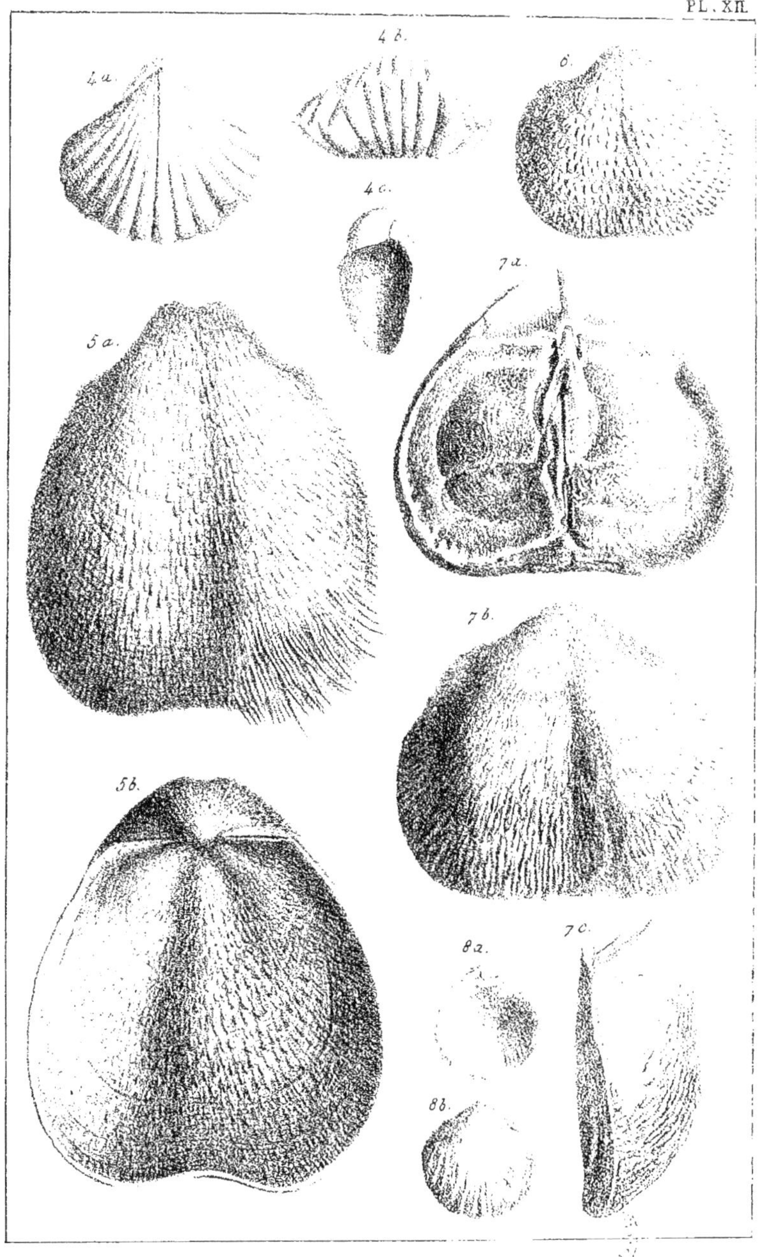

www.ingramcontent.com/pod-product-compliance
Ingram Content Group UK Ltd.
Pitfield, Milton Keynes, MK11 3LW, UK
UKHW020312220726
13923UKWH00003B/1103

9 782019 622985